烘焙快乐厨房

不失败的基础烘焙书

黎国雄◎主编

黑龙江科学技术出版社
HEILONGJIANG SCIENCE AND TECHNOLOGY PRESS

图书在版编目（CIP）数据

不失败的基础烘焙书 / 黎国雄主编. -- 哈尔滨 : 黑龙江科学技术出版社, 2018.1
（烘焙快乐厨房）
ISBN 978-7-5388-9408-0

Ⅰ. ①不… Ⅱ. ①黎… Ⅲ. ①烘焙－糕点加工 Ⅳ. ①TS213.2

中国版本图书馆CIP数据核字(2017)第273193号

不失败的基础烘焙书

BU SHIBAI DE JICHU HONGBEI SHU

主　　编　黎国雄
责任编辑　马远洋
摄影摄像　深圳市金版文化发展股份有限公司
策划编辑　深圳市金版文化发展股份有限公司
封面设计　深圳市金版文化发展股份有限公司
出　　版　黑龙江科学技术出版社
　　　　　地址：哈尔滨市南岗区公安街70-2号　邮编：150007
　　　　　电话：（0451）53642106　传真：（0451）53642143
　　　　　网址：www.lkcbs.cn
发　　行　全国新华书店
印　　刷　深圳市雅佳图印刷有限公司
开　　本　685 mm×920 mm　1/16
印　　张　13
字　　数　120千字
版　　次　2018年1月第1版
印　　次　2018年1月第1次印刷
书　　号　ISBN 978-7-5388-9408-0
定　　价　39.80元

preface
前言

面粉、鸡蛋、黄油、糖这些看似简单的配料，通过巧妙的搭配，总能带来奇迹般的变化。看着它们在自己的手中变成了美味香甜的蛋糕，美妙小巧的饼干，香甜可口的泡芙，经典百搭的司康、小面包，或是精致的派、挞，再与家人和朋友一起分享，心中总会感到无限满足。

但很多人往往想做点心，又不知道如何下手，又或者是点心品类太多，不知道该如何选择。为此，我们策划了这本《不失败的基础烘焙书》，精心挑选了几十款常见的超人气烘焙点心，包括杯子蛋糕、饼干、泡芙、司康、小面包、挞、派等，应有尽有，让新手的你、“选择困难症”的你，或是烘焙高手的你，都能轻松选择中意的类型，体验家庭烘焙的温馨和欢乐。

本书将带你选对烤箱、烘焙工具，用对材料，让烘焙不再困难，新手也可以在家轻松做人气点心。书中所列点心配有详细的制作方法、操作步骤图，并配有精美的成品大图。还配有二维码视频，只需扫一扫二维码，就能跟着视频轻松学做各种点心，视频教学，给你全新的阅读和视听体验。期待你每一次点心出炉，每一次的分享，每一次的欢笑，都让生活充满乐趣。

Contents
目录

Part 1 烘焙入门

Part 2 趣味多多的造型饼干

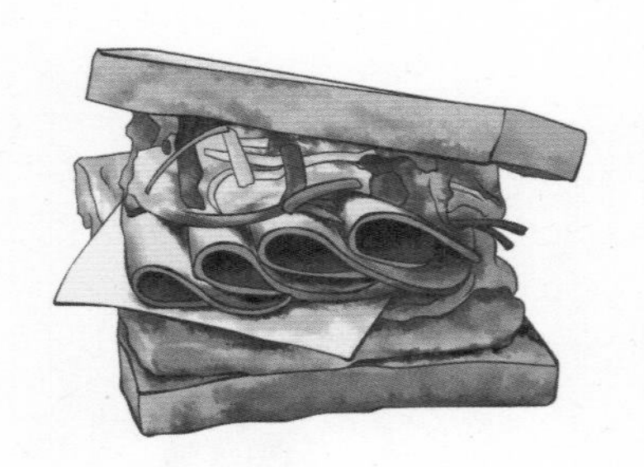

Part 3 温暖健康的手撕面包

Part 4 浪漫甜蜜的美味蛋糕

Part 5 香滑可爱的精致小西点

Part 6 5步速成的预拌粉烘焙

烘焙入门

在家做烘焙，是一种乐趣。酥脆的饼干、软绵的蛋糕、松软可口的面包，香甜的小西点都让人陶醉在其中。本章详细介绍关于烘焙所要用到的工具、原料及烘焙的基础技能，并向烘焙初学者提出九个小建议。

烘焙常用工具

烘焙工具是烘焙制作的基础，想要制作出美味的食物就必须提前准备好各种所需工具，然后有效地利用这些工具做出各式各样的烘焙点心。以下介绍烘焙制作常用工具的性能和作用。

01 烤箱

烤箱一般都是用来烤制一些饼干、点心和面包等食物。它是一种密封的电器，同时也具备烘干的作用。

02 电子称

准确控制材料的量是烘焙成功的第一步，电子秤是烘焙时非常重要的工具。它适合在西点制作中用来称量需要准确分量的材料。

03 量杯

量杯上的杯壁上一般都有容量标示，可以用来量取材料，如水、奶油等，但要注意读数时的刻度。

04 量勺

量勺通常是塑料或者不锈钢材质的，是带有小柄的一种浅勺，主要用来盛液体或细碎的物体。

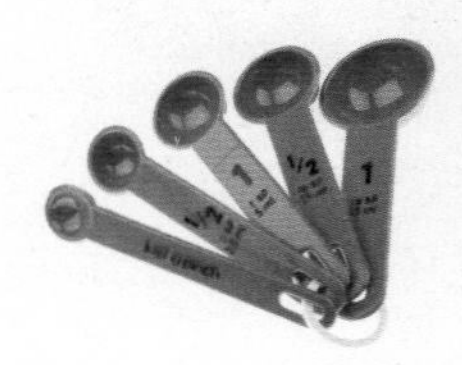

05 电动搅拌器

电动搅拌器包含一个电机身，配有打蛋头和搅面棒两种搅拌头。电动搅拌器可以使搅拌工作更加快速，材料搅拌得更加均匀。

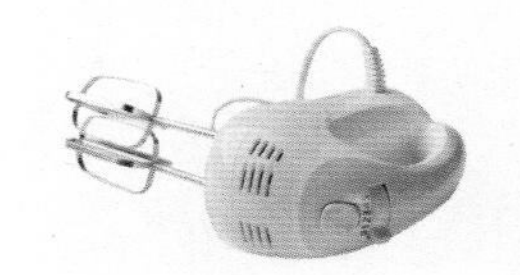

06 蛋清分离器

蛋清分离器是一种专门用来分离蛋清和蛋黄的器具，是为了方便烘焙时使用。

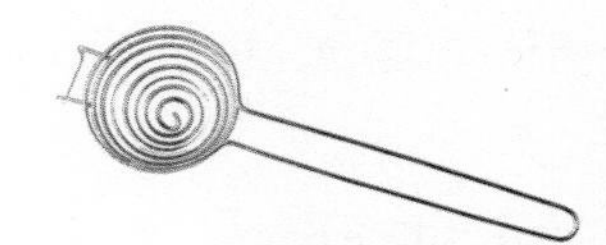

07 长柄刮刀

长柄刮刀是一种软质、如刀状的工具，是西点制作中不可缺少的利器。它的作用是将各种材料拌匀，同时它可以将紧贴在碗壁的面糊刮得干干净净。

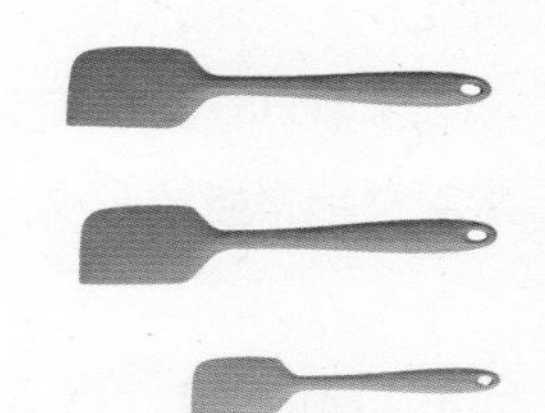

08 刮板

刮板通常为塑料材质，用于揉面时铲面板上的面团、压拌材料，也可以把整好形的小面团移到烤盘上去，还可以用于鲜奶油的装饰整形。

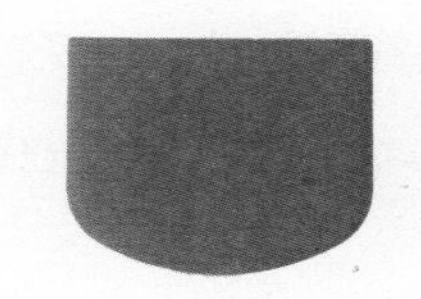

09 玻璃碗

玻璃碗主要用来打发鸡蛋或搅拌面粉、糖、油和水等。制作西点时，至少要准备两个以上玻璃碗。

10 筛子

筛子一般是不锈钢材质的，用来过滤面粉的烘焙工具。它的底部是漏网状的，可以用于过滤面粉中含有的杂质。

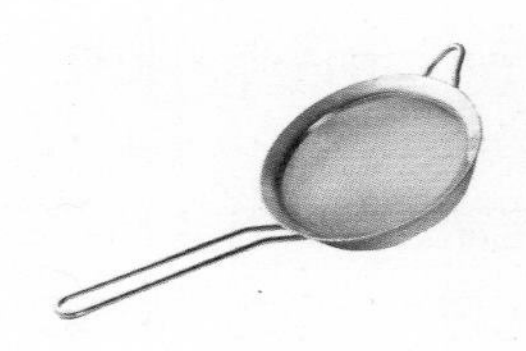

11 手动搅拌器

手动搅拌器是制作西点时必不可少的烘焙工具之一，可以用于打发蛋白、黄油等，但使用时费时费力，适合用于材料混合、搅拌等不费力气的步骤中。

12 擀面杖

擀面杖是中国古老的一种用来压制面条、面皮的工具，多为木制。一般长而大的擀面杖用来擀面条，短而小的擀面杖用来擀饺子皮，而在烘焙中用于点心的制作。

13 裱花袋、裱花嘴

裱花袋是呈三角形状的塑料袋，裱花嘴用于奶油裱花的圆锥形工具。一般是裱花嘴与裱花袋配套使用，把奶油挤出花纹定型在蛋糕上。

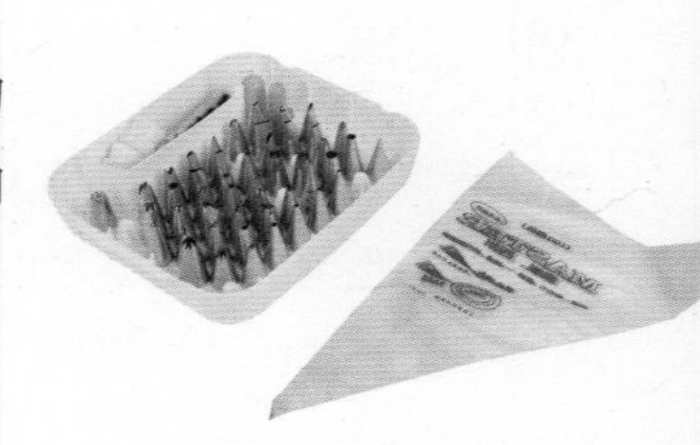

14 油刷

油刷长约20厘米，一般以硅胶为材质，质地柔软有弹性，且不易掉毛。用于烘焙时在模具表面均匀抹油，也能在面包上涂抹酱料。

15 ▸ 奶油抹刀

奶油抹刀一般用于蛋糕裱花的时候抹平奶油，或者在食物脱模的时候用来分离食物和模具，以及其他各种需要刮平和抹平的地方。

16 ▸ 蛋糕脱模刀

蛋糕脱模刀长 20 ～ 30 厘米，一般是塑料或者不锈钢材质的。用蛋糕脱模刀紧贴蛋糕模壁轻轻地划一圈，倒扣蛋糕模即可分离蛋糕与蛋糕模。

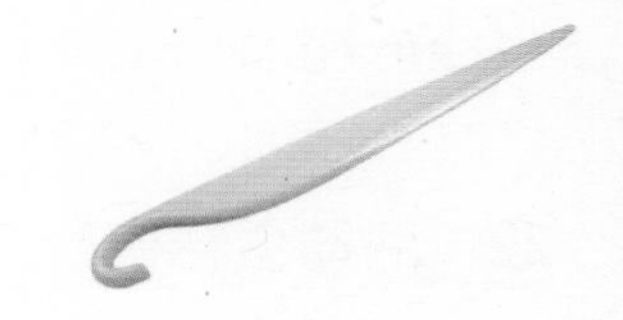

17 ▸ 保鲜膜

保鲜膜是人们用来保鲜食物的一种塑料包装制品，在烘焙中常常用于包裹面团放在冰箱保鲜，阻隔面团与空气的接触。

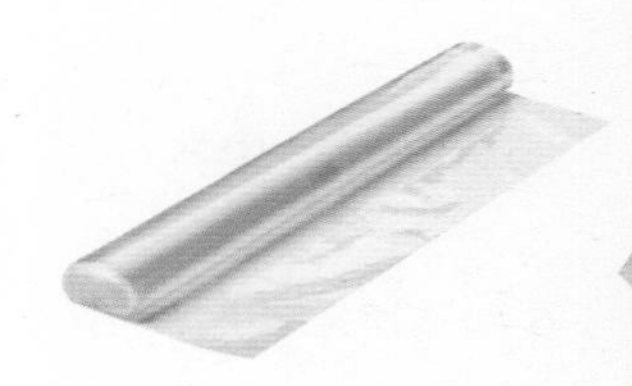

18 ▸ 烘焙纸

烘焙纸用于烤箱内烘烤食物时垫在底部，防止食物粘在模具上面导致清洗困难，还可以保证食品的干净卫生。

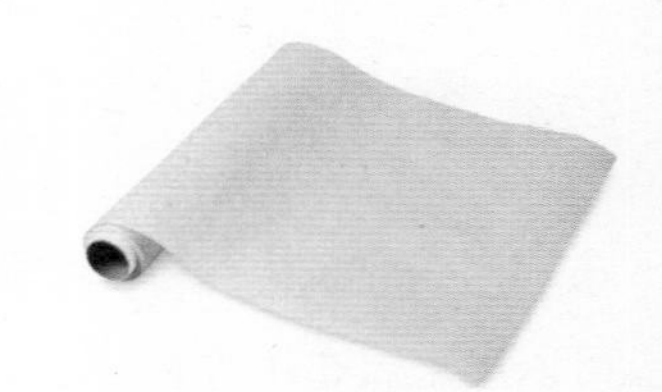

19 ▸ 锡纸

锡纸多为银白色，实际上是铝箔纸。当食品需要烘烤时用锡纸包裹可防止烧焦，还能防止水分流失，保留鲜味。

20 不粘油布

不粘油布的表面光滑，不易黏附物质，并且耐高温，可反复使用。烘焙饼干、面包时垫于烤盘面上，防止粘底。

21 吐司模

吐司模，主要用于制作吐司。为了方便，可以在选购时购买金色不粘的吐司模，不需要涂油防粘。

22 活动蛋糕模

圆形活动蛋糕模，主要在制作戚风、海绵蛋糕时使用，使用时方便脱模，规格大致上有 20 厘米、27 厘米的。

23 饼干模

在擀好饼干面团后用造型模具盖出模样再进行烘焙，做出的饼干既可爱又漂亮。

24 布丁模

布丁模一般是由陶瓷、玻璃制成的杯状模具，形状各异，可以用来做布丁等多种小点心，小巧耐看，耐高温。

25 塔模、派盘

塔模、派盘是制作塔类、派点心的必要工具。其规格很多，有不同大小、深浅、花边，可以根据需要购买。

26 蛋糕纸杯

蛋糕纸杯用来制作麦芬蛋糕或其他纸杯蛋糕，有很多种大小和花色可供选择，可以根据自己的喜好购买。

27 齿形面包刀

齿形面包刀形状如普通的厨房小刀，但刀刃带有锯齿，一般用来切面包，也可以用来切蛋糕。

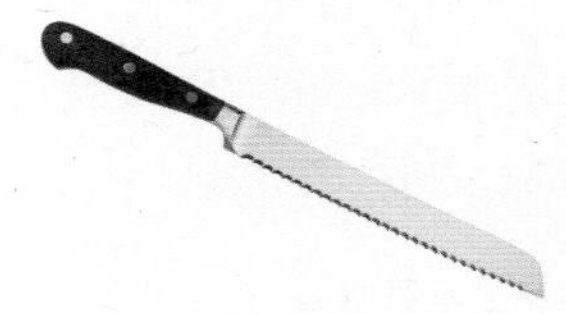

28 硅胶垫

硅胶垫具有防滑功能，揉面时将它放在台面上便不会随便乱动，而且上面还有刻度，一举两得，清洗也非常方便。

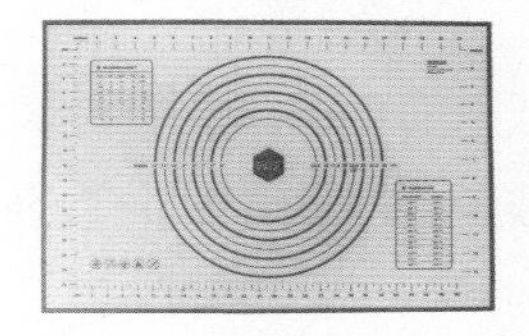

29 电子计时器

电子计时器是一种用来计算时间的仪器，种类非常多，一般厨房计时器都是用来观察烘焙时间的，以免时间不够或者超时。

30 烤箱温度计

烤箱温度计用于测试烤箱温度或食物温度。烤箱温度计的使用方法是，在预热的时候将温度计放入烤箱中，稳定在所需温度时即可放入食物进行烘烤。

烘焙基本材料

烘焙是个奇妙的世界，里面有着无限的可能。善用食物能让它们发挥独特的魅力，撞击出它们奇妙的化学反应。

01 高筋面粉

高筋面粉的蛋白质含量在12.5%～13.5%，色泽偏黄，颗粒较粗，不易结块，容易产生筋性，适合用来做面包。

02 低筋面粉

低筋面粉的蛋白质含量在8.5%左右，色泽偏白，颗粒较细，容易结块，适合制作蛋糕、饼干等。

03 玉米淀粉

玉米淀粉俗名六谷粉，白色微带淡黄色的粉末，在烘焙中起到使蛋糕加热后糊化的作用，使之变稠。

04 小苏打

小苏打又称食物粉，在做面食、馒头、烘焙食物时经常会用到。

05 泡打粉

泡打粉作为膨松剂，一般都是由碱性材料配合其他酸性材料制成，可用来产生气泡，使成品有膨松的口感，常用来制作西式点心。

06 ▶ 塔塔粉

塔塔粉是一种酸性的白色粉末，用来中和蛋白的碱性，帮助蛋白泡沫的稳定性，并使材料颜色变白，常用于制作戚风蛋糕。

07 ▶ 奶粉

在制作西点时，使用的奶粉通常都是无脂无糖奶粉。在制作蛋糕、面包、饼干时加入一些奶粉可以增加风味。

08 ▶ 酵母

酵母是一种活的真菌类，能够把糖发酵成酒精和二氧化碳，属于一种比较天然的发酵剂，能够使做出来的烘焙成品口感松软、味道纯正。

09 ▶ 无糖可可粉

无糖可可粉中含可可脂，不含糖，带有苦味、容易结块，使用之前最好先过筛。

10 ▶ 绿茶粉

绿茶粉是在最大限度地保持茶叶原有营养成分的前提下，用绿茶茶叶粉碎成的绿茶茶末，可以用来制作蛋糕、绿茶饼等。

11 芝士粉

芝士粉为黄色粉末，带有浓烈的奶香味，大多用来制作面包、饼干等，有增加风味的作用。

12 香草粉

香草粉是白色细粒结晶的粉末香料，含有香草的气味，是食品工业生产中常用的香料，能改善食品的口感，增加食品本身的独特香气。

13 糖粉

糖粉的外形一般都是洁白的粉末状，颗粒极其细小，含有微量玉米粉，直接过滤以后的糖粉可以用来制作西式的点心和蛋糕。

14 红糖

红糖有浓郁的焦香味。因为红糖容易结块，所以使用前要先过筛或者用水溶化。

15 细砂糖

细砂糖是经过提取和加工以后结晶颗粒较小的糖，可以用来增加食物的甜味，还有助于保持材料的湿度、香气。

16 黄油

黄油是将牛奶中的稀奶油和脱脂乳分离后，使稀奶油成熟并经搅拌而成的。黄油一般置于冰箱存放。

17 片状酥油

片状酥油是一种浓缩的淡味奶酪，由水乳制成，色泽微黄，在制作时要先刨成丝，经高温烘烤就会化开。

18 牛奶

营养学家认为，在人类食物中，牛奶是最接近完善的食品。用牛奶来代替水来和面，可以使面团更加松软、更具香味。

19 酸奶

酸奶是以新鲜的牛奶作为原料，经过有益菌发酵而成，是一种很好的天然的面包添加剂。

20 淡奶油

淡奶油是由牛奶提炼出来的，白色如牛奶状，但是比牛奶更为浓稠。淡奶油在打发前需要放在冰箱冷藏 8 小时以上。

21 ▶ 植物鲜奶油

植物鲜奶油也叫作人造鲜奶油，大多数含有糖分，白色如牛奶状，同样比牛奶浓稠。通常用于打发后装饰糕点或制作慕斯。

22 ▶ 植物油

制作西点时用的植物油一定要是无色无味的，最好是用玉米油，不要使用花生油这类有浓郁味道的油。

23 ▶ 吉利丁片

吉利丁片又称动物胶、明胶，呈透明片状，食用时需先以 5 倍的冷水泡开，可溶于 40℃的温水中。一般用于制作果冻及慕斯蛋糕。

24 ▶ 琼脂

琼脂是植物胶的一种，具有凝固性、稳定性，能与一些物质形成络合物等物理化学性质。广泛用于果冻、冰淇淋、糕点、软糖、羹类食品的制作。

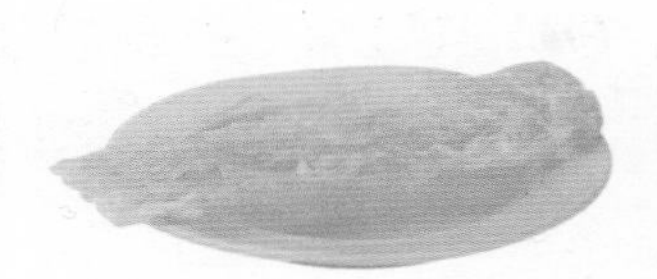

25 ▶ 蜂蜜

蜂蜜即蜜蜂酿成的蜜，主要成分有葡萄糖、果糖、氨基酸，还有多种维生素和矿物质，是一种天然健康的食品。

26 枫糖浆

枫糖浆香甜，风味独特，富含矿物质，而且它的甜度没有蜂蜜高，糖分含量约为66%，是搭配面包、蛋糕成品的最佳食品。

27 鸡蛋

鸡蛋的营养丰富，在制作面包、蛋糕的过程中常用到。鸡蛋最好放在冰箱内保存，把鸡蛋的大头朝上、小头朝下放。

28 红豆

红豆为深红色，颗粒状。一般用红豆制作红豆粥、红豆糖水者较多。红豆有润肤养颜的作用，所以尤其受到女性朋友的喜爱。

29 葡萄干

葡萄干是由葡萄晒干加工而成的，味道鲜甜，不仅可以直接食用，还可以放在糕点中加工成食品，供人品尝。

30 蔓越莓干

蔓越莓干又叫作蔓越橘、小红莓，经常用于面包、糕点的制作，可以增添烘焙甜品的口感。

31 即食燕麦片

即食燕麦片是可以直接用沸水冲泡食用的燕麦片，添加在面包里可以增添其口感和营养，一般的超市均有售。

32 核桃仁

核桃仁又叫作胡桃仁，口感略甜，带有浓郁的香气，是点心的最佳伴侣。烘烤前先用低温将核桃仁烤 5 分钟溢出香气，再加入面团中更加美味。

33 杏仁片

杏仁片是整颗的杏仁切片而成，适合添加在面包、糕点中，也可作为面包和蛋糕的表面装饰。

34 黑巧克力

黑巧克力是由可可液块、可可脂、糖和香精制成的，主要原料是可可豆。黑巧克力常用于制作蛋糕。

35 白巧克力

白巧克力是由可可脂、糖、牛奶以及香料制成的，是一种不含有可可粉的巧克力，但含乳制品和糖分较多，因此甜度更高。

烘焙基础技能

烘焙的世界美好而绚丽，想要做出醇香美味，打好基础很重要。先学会最基本的分离蛋清蛋白、面粉过筛，到后面就不会手忙脚乱了。

鸡蛋分离

01

在烘焙中，我们经常发现配方材料中常常有“蛋白”和“蛋黄”这样单独的材料。单用蛋白是因为它的凝聚力强，而蛋黄凝聚力差，而且含有的胆固醇高，一般较少使用。需要注意的是，蛋白中不能混入一丝蛋黄，而蛋黄中可以带些许蛋白。另外，盛蛋白、蛋黄的碗中不能有任何油分和水分，否则将会打发不起。

如何分离鸡蛋?

●蛋清分离器　在市面上有售，利用此器将蛋黄和蛋白分离，其缺点是蛋黄容易与蛋清一同流进碗里。

●原始方法　将生鸡蛋中间在碗沿上一磕，一分为二；然后，把鸡蛋黄从一半蛋壳倒到另一半的蛋壳，蛋清因为有粘连性，会自动下挂漏下去。如此几次，最后鸡蛋壳中只剩下蛋黄了。

●原瓶吸法　准备一个干净的空塑料瓶，然后捏紧瓶身（稍微倾斜）对准蛋黄后松开，蛋黄就轻易地进入到了瓶子里面。

蛋白打发

02

尽量选用新鲜的鸡蛋来打发。鸡蛋越不新鲜，蛋白的碱性越重，也越难打发。为了中和蛋白的碱性，加入少许塔塔粉，可使蛋白容易打发，并且更加稳定、不易消泡。倘若没有塔塔粉，也可使用白醋或柠檬汁代替。蛋白在20℃左右的时候最容易打发。注意搅打蛋白的速度要从低速渐渐到中高速，如果一开始就高速搅打，那么蛋白霜体积不够大，且会因为泡沫过大而不稳定。蛋白打发时往往需要加入一定比例的砂糖，一是要添加甜味，二是加了糖打发的蛋白霜比较细腻且泡沫持久稳定。加入砂糖要注意时机，过早加入会阻碍蛋白打发，过迟加入则导致蛋白泡沫的稳定性差、不易打发，还会因此导致蛋白搅打过头。如果配方中砂糖分量等于或少于 1/4 杯，那最好在开始搅打蛋白时就加入。另外，砂糖要沿着碗壁渐渐加入，不要直接往蛋白中央一倒，否则可能会使蛋白霜消泡。

搅打过程中要注意蛋白的变化：粗泡时蛋白液浑浊，细泡的蛋白渐渐凝固起来，开始有光泽，呈柔软绸缎状，提起搅拌器，有 2 ～ 3 厘米尖峰弯下。软性泡沫的蛋白很有光泽而且顺滑，提起搅拌器，蛋白尖峰还有些弯度。硬性泡沫的蛋白还有光泽，蛋白峰呈现坚挺状。到硬性泡沫阶段要格外注意，因为只要十来秒，蛋白就会因为搅打过头而无光泽了，而且还会变成棉花状和结球状蛋白。出现这种情况时可以试着添加一个蛋白进去打成硬性泡沫，但也未必可以补救。

03

全蛋打发

和蛋白的打发相比，全蛋的打发要困难得多，家用的电动搅拌器普遍功率都不够高，所以打发的时间也长，需要具有耐心。将鸡蛋从冰箱拿出来回温，然后打入蛋盆。取一个大一点的盆，在里面注入 40℃的热水，把蛋盆放进热水里隔水加热，然后用电动搅拌器将鸡蛋打发。全蛋在 40℃的时候最容易打发，将蛋盆坐在热水里会使蛋液的温度升高，有利于全蛋的打发。但是热水的温度不宜过高，如果温度太高反而不利于鸡蛋的打发。

随着不断搅打，鸡蛋液会渐渐产生稠密的泡沫，变得越来越浓稠。将鸡蛋打发至提起搅拌器，滴落下来的蛋糊不会马上消失，在盆里的蛋糊表面画出清晰的纹路时，说明已经打发好了。

面粉过筛

04

在细网筛子下面垫一张较厚的纸或直接筛在案板上，将面粉放入筛网中连续筛两次，这样可让面粉蓬松，做出来的蛋糕品质也会比较好。加入其他干粉类材料再筛一次，使所有材料都能充分混合在一起。如果有添加泡打粉之类的添加剂则更需要与面粉一起过筛。例如，蛋糕需要很蓬松的面粉，过筛以后，面粉中的小疙瘩被打开，没有形成小疙瘩的面粉也变得更加蓬松，这样当和蛋白、蛋黄混合以后越发蓬松，做出来的产品更加细腻、松软。

奶油打发

05

在烘焙中，最常见的便是奶油的打发。鲜奶油的品种有很多，有专供烹饪用的，当然也有专供打发用的。鲜奶油要在冷藏的状态下才可以打发，所以在打发鲜奶油之前，需将它冷藏 12 小时以上。注意，鲜奶油切忌冷冻保存，否则会出现水油分离的现象。打发鲜奶油时，在鲜奶油中加入糖，使用电动搅拌器中速打发即可。若是用来制作裱花蛋糕，将鲜奶油打发至体积蓬松，可以保持花纹状态时就能使用了。

搅拌与翻拌的区别

06

翻拌是用长柄刮刀从盆底捞起蛋糕糊，然后用炒菜的方式划拌，千万不要打圈。这样拌匀的蛋糕糊基本不会消泡，越是小心地不敢去拌，越会延长拌匀时间，反而容易消泡。搅拌一般就是把材料拌匀，这时的手法就需要顺时针打圈搅拌。

给烘焙初学者的建议

如果你是一位烘焙初学者，或者过去有很多糟糕的烘焙经验，但那都只是一个开始而已。以下给出的 9 个小建议可以在开炉前帮到你。

01 完整阅读配方

在开始烘焙之前慢慢地、仔细地阅读整个配方，包括制作的方式、配料、工具和步骤，可以读 2 或 3 遍，确保每一点都很清晰。因为烘焙的所有步骤都是需要操作精确的，所以在开始前熟悉配方相当重要。

02 准备所需配料和工具

看完配方就要准备收集配料和工具了，收集好后再检查一次，确保所有材料都准备充足。如果制作中途才发现漏了很重要的配料或者工具，肯定会影响成品。

03 让配料变回室温状态

配方上经常要求黄油和鸡蛋是室温状态的，所以在拿到原料后应放置几小时，让其解冻至室温状态。也可以将黄油磨碎，从而使黄油变回室温状态。

04 准备适合的烤盘和烘焙纸

如果配方要求烤盘铺上烘焙纸的话，那么就必须按步骤来做。铺上烘焙纸的烤盘可以防止饼干或者蛋糕烤焦、粘锅或者裂开，而且清洁工作也会简单得多。

提前预热烤箱

05

大部分配方在最开始就会提醒你预热烤箱，所以在开展奇妙的烘焙之旅前，养成预热烤箱的习惯是十分必要的。

使用量杯

06

烘焙的过程中都应使用最精确的量具。除非配方中只要求使用一种量杯，否则液体（如牛奶或者水）应该使用液体量杯，而干性原料（如糖、面粉、坚果和巧克力块）应该使用嵌套干燥量杯。

干性原料过筛

07

虽然这一个步骤比较麻烦，但干性原料过筛可以改善烘焙食品的整体质感，而且能去掉一些块状物。操作时只需将原料过筛到一个大的搅拌盆中，或者过筛到蜡纸上就可以。

用单独的碗打鸡蛋

08

如果直接将鸡蛋打在装着面糊的搅拌盆中的话，很容易让鸡蛋污染到面糊。因此，用单独的碗打鸡蛋比较合适，同时方便检查有没有粘着鸡蛋壳，以及确保蛋黄没有破裂。

设置时间

09

将烤盘放入烤箱中烘焙时，必须马上设置时间。如果只是凭自己的感觉来操作，很容易忘记时间，而且也不精准。所以，最好准备一个电子计时器。

酱料的制作

草莓酱

▶ 材料

冰糖 5 克，草莓 260 克，清水 80 毫升

▶ 工具

刀，锅，搅拌器

▶ 做法

1. 洗净的草莓去蒂，切小块，待用。

2. 锅中注入约 80 毫升清水，倒入切好的草莓。

3. 放入冰糖，搅拌约 2 分钟至冒出小泡。

4. 调小火，继续搅拌约 20 分钟至黏稠状，关火后即可。

甜橙酱

▶ 材料

橙子果肉块 150 克，鲜橙皮丝 30 克，白糖 100 克，水适量

▶ 工具

锅，搅拌器

▶ 做法

1. 锅中注水烧开，放入橙皮丝，煮至沸，去除苦涩味，捞出。

2. 锅中注水烧开，放入煮过的橙皮丝，倒入橙肉，煮至沸。

3. 放入白糖搅拌匀，用小火煮至汤汁浓稠。

4. 关火后，将煮好的酱装入碗中即可。

丹麦面团的制作

▶ 原料

高筋面粉 170 克
低筋面粉 30 克
黄油 20 克
鸡蛋 40 克
片状酥油 70 克
清水 80 毫升
细砂糖 50 克
酵母 4 克
奶粉 20 克

▶ 工具

刮板
擀面杖

▶ 做法

1. 将高筋面粉、低筋面粉、奶粉、酵母混和，搅拌均匀。
2. 在中间掏一个窝，倒入细砂糖，打入鸡蛋，将其拌匀。
3. 倒入清水，将内侧的粉类跟水搅拌匀。
4. 倒入黄油，边翻搅边按压，制成光滑的面团。
5. 将面团擀制成长形面片，放入片状酥油。
6. 将面片覆盖，封紧四周，擀至酥油分散均匀。
7. 将擀好的面片叠成三层，放入冰箱冰冻 10 分钟。
8. 拿出面皮继续擀薄后冰冻，重复上述动作 3 次再擀薄，再将其切成大小一致的四等份，装盘即可。

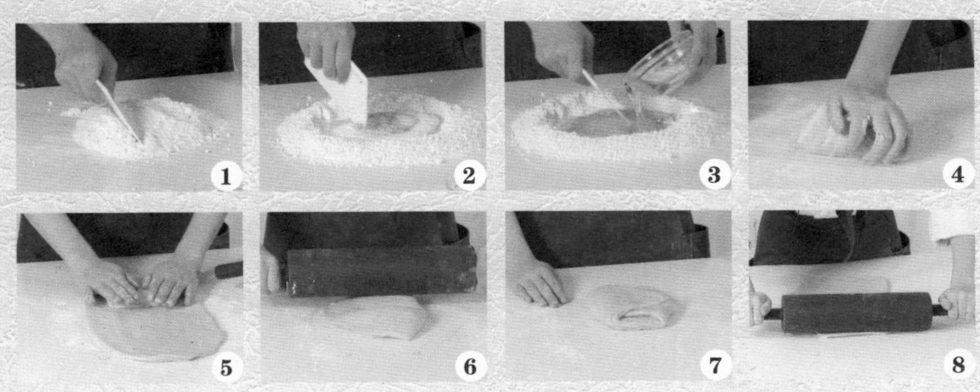

Part 2

趣味多多的造型饼干

饼干造型多变、口感多变，喜爱它的人不分男女老少。

本章将详细介绍许多不同种类的饼干及其具体的烘焙方法，操作简单明了，帮助你快速掌握饼干制作的技巧，做出精美可口的饼干。

「苏打饼干」

烤制时间：10 分钟

材料 Material

水---------140 毫升
低筋面粉---300 克
盐---------------2 克
小苏打---------2 克
黄奶油------- 60 克
酵母------------6 克

工具 Tool

刮板，擀面杖，叉子，烤箱，菜刀，不沾油布

做法 Make

1. 将低筋面粉、酵母、小苏打、盐倒在面板上，充分混合均匀。

2. 在中间掏一个窝，倒入备好的水，用刮板搅拌使水被吸收。

3. 加入黄奶油，一边翻搅一边按压，将所有食材混匀，制成平滑的面团。

4. 在面板上撒上些许面粉，放上面团，用擀面杖将面团擀制成 0.5 厘米厚的面皮。

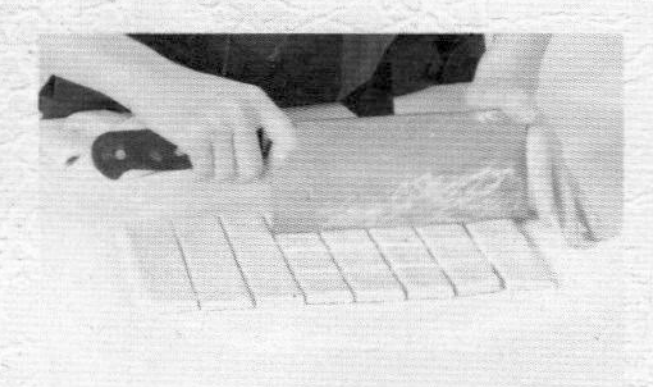

5. 用菜刀将面皮四周不整齐的地方修掉，再将其切成大小一致的长方片。

6. 在烤盘内垫入不沾油布，将切好的面皮整齐地放入烤盘内。

7. 用叉子在每个面片上戳上装饰花纹，放烤盘入预热好的烤箱内，关门。

8. 以上火 200℃、下火 200℃烤 10 分钟至饼干松脆，取出即可。

「巧克力核桃饼干」

烤制时间：18 分钟

看视频学烘焙

材料 Material

核桃碎------100 克
黄奶油------120 克
杏仁粉------- 30 克
细砂糖------- 50 克
低筋面粉---220 克
鸡蛋---------100 克
黑巧克力液-- 适量
白巧克力液-- 适量

工具 Tool

刮板，烤箱，刀，擀面杖

做法 Make

1. 将低筋面粉、杏仁粉倒在案台上，用刮板开窝。

2. 倒入细砂糖，打入鸡蛋，搅拌均匀；加入黄奶油，将材料混合均匀，揉搓成面团；放入核桃碎，揉成面团。

3. 在面团上撒少许低筋面粉，将面团压成 0.5 厘米厚的面皮，将面皮切成长方形面饼，放入烤盘，然后放入烤箱中。

4. 以上火 150 ℃、下火 150℃烤约 18 分钟至熟，从烤箱中取出烤盘。

5. 将烤好的核桃饼干一端粘上适量白巧克力液，另一端粘上适量黑巧克力液。

6. 将做好的核桃饼干装入盘中即可。

「玛格丽特小饼干」

烤制时间：20 分钟

材料 Material

低筋面粉---100 克
玉米淀粉---100 克
黄油---------100 克
糖粉---------- 80 克
盐---------------2 克
熟蛋黄------- 30 克

工具 Tool

刮板，烤箱

做法 Make

1. 将低筋面粉、玉米淀粉倒在面板上，用刮板搅拌均匀。

2. 在中间掏出一个窝，倒入糖粉、黄油、盐、熟蛋黄，混合均匀，揉至面团均匀、平滑。

3. 将揉好的面团搓成长条，用刮板切成大小一致的小段。

4. 将切好的小段用手掌揉圆，将揉好的面团放入烤盘，用拇指压在面团上面，压出自然裂纹制成饼坯。

5. 将烤盘放入预热好的烤箱内。

6. 上火调为 170℃，下火调为 160℃，时间定为 20 分钟，烤至熟。待 20 分钟后，戴上隔热手套将烤盘取出，装入盘中即可。

「芝麻苏打饼干」

烤制时间：10 分钟

看视频学烘焙

材料 Material

酵母------------3 克
水---------- 70 毫升
低筋面粉---- 50 克
盐---------------2 克
小苏打---------2 克
黄奶油------- 30 克
白芝麻-------- 适量
黑芝麻-------- 适量

工具 Tool

擀面杖，刮板，叉子，尺子，烤箱，刀，高温布

做法 Make

1. 将低筋面粉、酵母、小苏打、盐倒在面板上，充分混合均匀。

2. 用刮板开窝，倒入水，再用刮板搅拌。

3. 加入黄奶油、黑芝麻、白芝麻，将所有食材混匀，制成平滑的面团。

4. 在面板上撒上些许面粉，放上面团，用擀面杖将面团擀制成 0.1 厘米厚的面皮。

5. 用刀和尺子将面皮修齐，切成长方片。

6. 在烤盘内垫入高温布，放上面片，用叉子依次在每个面片上戳上装饰性花纹。

7. 将烤盘放入预热好的烤箱内，关上箱门。

8. 烤箱上、下火温度调为 200℃，烤 10 分钟至饼干松脆，取出即可。

「娃娃饼干」

烤制时间：15 分钟

看视频学烘焙

材料 Material

低筋面粉---110 克
黄奶油------- 50 克
鸡蛋---------- 25 克
糖粉---------- 40 克
盐---------------2 克
黑巧克力液130 毫升

工具 Tool

刮板，圆形模具，擀面杖，烤箱，竹签，高温布

做法 Make

1. 把低筋面粉倒在案台上，用刮板开窝，倒入糖粉、盐，加入鸡蛋，搅匀。

2. 放入黄奶油，将材料混合均匀，揉搓成纯滑的面团。

3. 用擀面杖把面团擀成 0.5 厘米厚的面皮。

4. 用模具在面团上压出数个饼坯。

5. 在烤盘内铺一层高温布，放入饼坯，再放入烤箱，以上火 170℃、下火 170℃烤 15 分钟至熟。

6. 取出烤好的饼干，稍微放凉。

7. 将饼干的一部分浸入巧克力液中，造出头发状，再用竹签沾上巧克力，在饼干上画出眼睛、鼻子和嘴巴。

8. 把饼干装入盘中即可。

「纽扣小饼干」

烤制时间： 15 分钟

看视频学烘焙

材料 Material

低筋面粉---160 克
鸡蛋------------1 个
盐---------------1 克
奶粉---------- 10 克
糖粉---------- 50 克
黄奶油------- 80 克

工具 Tool

刮板，叉子，圆形模具，烤箱

做法 Make

1. 把低筋面粉倒在案台上，加入奶粉，拌匀，用刮板开窝，加入盐、糖粉、鸡蛋，用刮板拌匀。

2. 倒入黄奶油，将材料混合均匀，揉搓成纯滑的面团。

3. 再搓成长条状，用刮板切数个大小一致的剂子，把剂子压扁。

4. 用较大的模具把剂子压成圆饼状，去掉边缘多余的面团，再用较小的模具轻轻按压面团。

5. 把做好的饼坯放入烤盘，用叉子在饼坯中心处轻轻插一下，制成纽扣饼干生坯。

6. 将烤盘放入烤箱， 以上火 160 ℃、下火 160℃烤 15 分钟至熟，取出即可。

看视频学烘焙

「黄金芝士苏打饼干」

烤制时间： 15 分钟

材料 Material

油皮的部分：
低筋面粉---200 克
水---------100 毫升
色拉油---- 40 毫升
酵母------------3 克
小苏打---------2 克
芝士---------- 10 克
油心的部分：
低筋面粉---- 60 克
色拉油---- 22 毫升

工具 Tool

刮板，饼干模具，擀面杖，烤箱，不粘油布

做法 Make

1. 油皮的做法：将低筋面粉、酵母、小苏打拌匀，开窝。
2. 加入色拉油、水、芝士，拌匀，刮入面粉，混合均匀。
3. 将混合物搓揉成一个纯滑面团，待用。
4. 油心的做法：往案台上倒入低筋面粉，用刮板开窝，加入色拉油。
5. 刮入面粉，将其搓揉成一个纯滑面团，待用。
6. 往案台上撒少许面粉，放上油皮面团，用擀面杖将其均匀擀薄至面饼状。
7. 将油心面团用手按压一下，放在油皮面饼一端。
8. 将面饼另外一端盖住油心面团，用手压紧面饼四周。
9. 将擀薄的饼坯两端往中间对折，再用擀面杖擀薄。
10. 用饼干模具按压面饼，制出数个饼干生坯。
11. 烤盘内垫一层不粘油布，将饼干生坯装入烤盘，将烤盘放入预热好的烤箱中，上、下火各 160℃烤 15 分钟至熟。

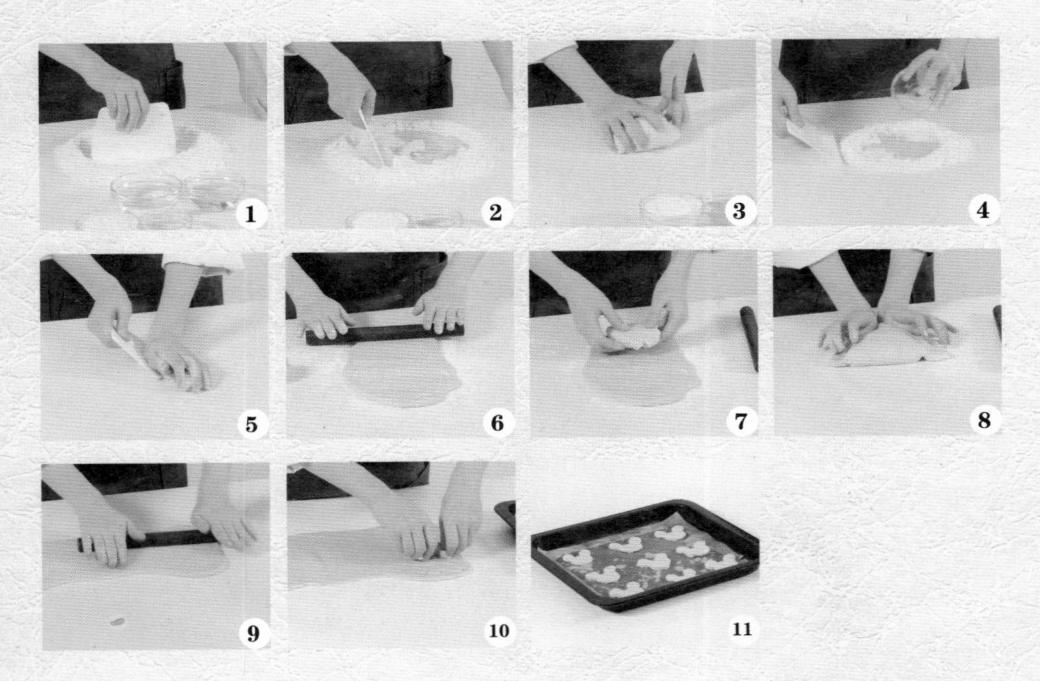

「奶香曲奇」

烤制时间：15 分钟

看视频学烘焙

材料 Material

黄奶油------- 75 克
糖粉---------- 20 克
蛋黄---------- 15 克
细砂糖------- 14 克
淡奶油---- 15 毫升
低筋面粉---- 80 克
奶粉---------- 30 克
玉米淀粉---- 10 克

工具 Tool

电动搅拌器，长柄刮板，裱花嘴，裱花袋，烤箱，玻璃碗，剪刀，油纸

做法 Make

1. 取大碗，加入糖粉、黄奶油，用电动搅拌器搅拌均匀。

2. 至其呈乳白色后加入蛋黄，继续搅拌。

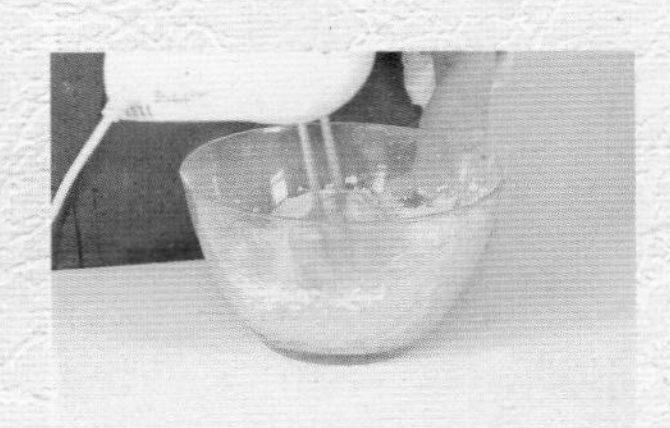

3. 再依次加入细砂糖、淡奶油、玉米淀粉、奶粉、低筋面粉，充分拌匀。

4. 用长柄刮板将搅拌匀的材料再搅拌片刻。

5. 将裱花嘴装入裱花袋，并剪开一个小洞，用刮板将拌好的面糊装入裱花袋中。

6. 在烤盘上铺一张油纸，将裱花袋中的材料挤在烤盘上，挤成长条形。

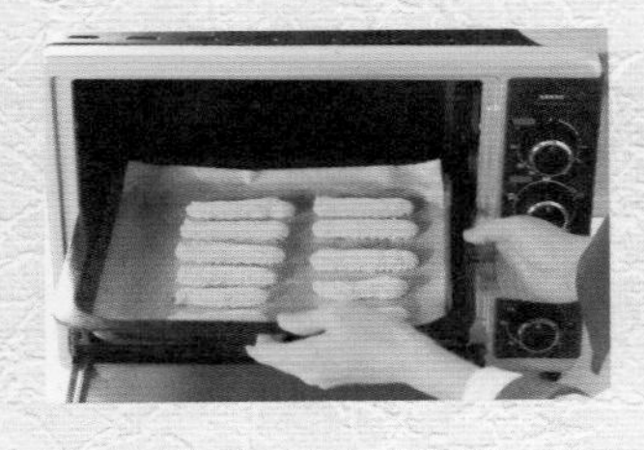

7. 将烤盘放入烤箱，以上火 180℃、下火 150℃烤 15 分钟至熟。

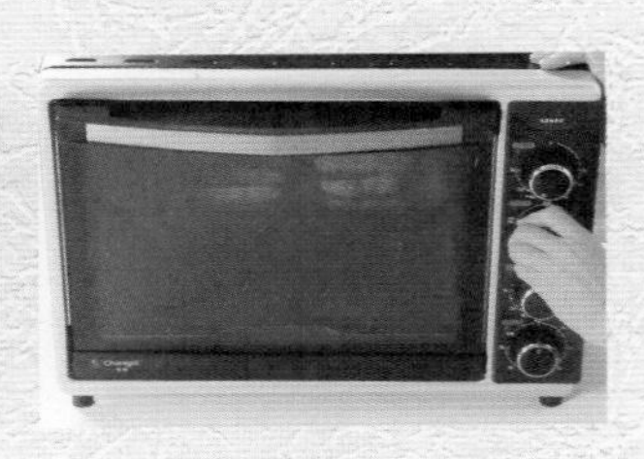

8. 打开烤箱，戴上隔热手套把烤盘取出即可。

「迷你肉松饼干」

烤制时间：20 分钟

材料 Material

低筋面粉---100 克
蛋黄---------- 20 克
肉松---------- 20 克
黄奶油------- 50 克
糖粉---------- 40 克
蛋黄液------- 30 克

工具 Tool

电动搅拌器，筛网，花形模具，刷子，烤箱

做法 Make

1. 将软化的黄奶油加入糖粉，用电动搅拌器打发好。

2. 分次加入蛋黄及过筛后的低筋面粉，继续打发均匀，并揉成纯滑的面团。

3. 将面团分成数个小面团，捏成圆片形，包入肉松，收口，再揉成团，放入烤盘。

4. 用花形模具在面团上，按压，呈现边纹，制成饼干生坯，也可按自己喜好选择模具造型。

5. 在饼干生坯上，刷上蛋黄液，放入烤盘，再入预热好的烤箱，温度调成上、下火 180°C，烤 20 分钟至呈金黄色，取出装入盘中即可。

「心心相印饼干」

烤制时间：10 分钟

材料 Material

低筋面粉---250 克
鸡蛋------------1 个
黄奶油------- 50 克
细砂糖------- 25 克
蜂蜜---------- 35 克
糖粉---------120 克

工具 Tool

刮板，保鲜膜，小酥棍，心形模具，烤箱，冰箱

做法 Make

1. 低筋面粉倒在操作台上，用刮板开窝。
2. 窝中倒入糖粉、鸡蛋、细砂糖、蜂蜜，拌匀，盖上周边的低筋面粉，按压、揉匀。
3. 加入黄奶油，按压、揉匀，制成面团，用保鲜膜包好，放入冰箱冷藏 1 小时。
4. 取出松弛好的面团，放在操作台上，撕去保鲜膜，用小酥棍擀成厚约 0.3 厘米的薄面片。
5. 用心形模具在擀好的面片上刻出饼干生坯。
6. 将生坯放在烤盘上，放入烤箱中层，以上、下火 170℃烤 10 分钟左右即可取出。

「奶酥饼」

烤制时间：15 分钟

看视频学烘焙

材料 Material

黄奶油------120 克
盐---------------3 克
蛋黄---------- 40 克
低筋面粉---180 克
糖粉---------- 60 克

工具 Tool

电动搅拌器，长柄刮板，裱花袋，裱花嘴，烤箱，玻璃碗，剪刀，高温布

做法 Make

1. 将黄奶油倒入大碗中，加入盐、糖粉，用电动搅拌器快速搅匀。

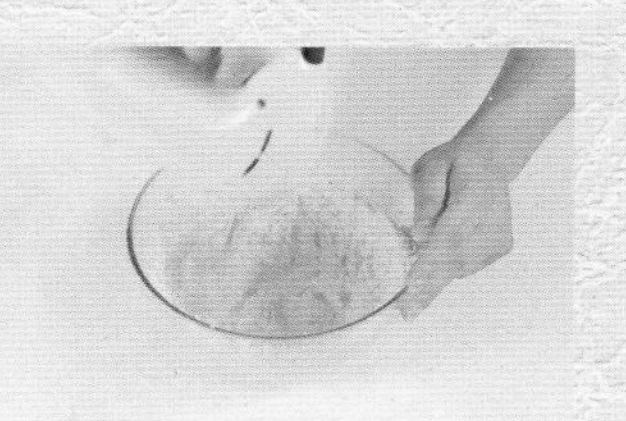

2. 分次加入蛋黄，搅拌均匀。

3. 将低筋面粉过筛至碗中，用长柄刮板拌匀，制成面糊。

4. 把面糊装入套有花嘴的裱花袋里，并在底部剪开一个小口。

5. 以画圈的方式把面糊挤在铺有高温布的烤盘里，制成饼坯。

6. 预热烤箱，把放有饼胚的烤盘放入烤箱里。

7. 关上箱门，以上火180℃、下火190℃烤15分钟至熟。

8. 打开箱门，取出烤好的饼干，装入盘中即可。

「巧克力花式酥饼」

烤制时间：15 分钟

材料 Material

黄奶油------100 克
糖粉---------- 60 克
鸡蛋------------1 个
低筋面粉---150 克
奶粉---------- 20 克
香粉------------3 克
白巧克力液-- 适量

工具 Tool

电动搅拌器，小酥棍，饼模，烤箱，玻璃网，筛网

做法 Make

1. 将黄奶油、糖粉以及鸡蛋倒入碗中，用电动搅拌器打发均匀。

2. 用筛网将低筋面粉、奶粉、香粉过筛至容器中，继续打发均匀，制成面糊。

3. 将面糊倒在操作台上，揉匀成面团。

4. 用小酥棍把面团擀压成面片，再用饼模在面片上压出形状，即成花式酥饼生坯。

5. 将花式酥饼生坯放入烤盘中，再放入烤箱，温度调为上火 180℃、下火 160℃，烤 15 分钟。

6. 从烤箱中取出烤好的酥饼，放凉，沾上白巧克力液即可。

「牛奶块」

烤制时间：20 分钟

材料 Material

黄奶油------- 70 克
奶粉---------- 60 克
蛋白---------- 30 克
牛奶------- 20 毫升
中筋面粉---250 克
盐---------------1 克
糖粉---------- 85 克
泡打粉---------2 克

工具 Tool

刮板，小酥棍，保鲜膜，长方形模具，叉子，烤箱，冰箱

做法 Make

1. 依次将中筋面粉、泡打粉、奶粉倒在操作台上，用刮板开窝。

2. 往窝中倒入蛋白、牛奶、盐、糖粉，搅拌均匀。

3. 将周边的粉末往中间覆盖，再加入黄奶油，按压、揉匀，制成面团。

4. 用小酥棍把面团擀成片状，盖上保鲜膜，放入冰箱冷藏30 分钟。

5. 取出面片，撕去保鲜膜，用长方形模具在面片上按压，制成饼干生坯，再用叉子在其表面上戳些小孔，然后放入烤盘。

6. 将烤盘放入烤箱，以上火 180℃、下火 170℃烤 20 分钟即可。

看视频学烘焙

「香脆朱力饼」

烤制时间：5 分钟

材料 Material

饼坯：

鸡蛋------------2 个

蛋黄------------4 个

低筋面粉---- 80 克

糖粉---------150 克

盐---------------3 克

馅料：

黄油---------150 克

糖粉---------- 30 克

朗姆酒---- 10 毫升

盐-------------- 适量

工具 Tool

筛网，电动搅拌器，长柄刮板，裱花袋，玻璃碗，锡纸，勺子，剪刀，烤箱

做法 Make

1. 饼坯制作：将鸡蛋、蛋黄、糖粉依次倒入玻璃碗中。

2. 加入适量盐，用电动搅拌器快速拌匀至蛋液起泡。

3. 将低筋面粉用筛网过筛至玻璃碗中，用长柄刮板将其与蛋液搅拌均匀。

4. 把面糊装入裱花袋，用剪刀将裱花袋的尖端部位剪个小口。

5. 在烤盘里铺上锡纸，再将面糊均匀地挤入烤盘，用筛网将糖粉均匀地撒入烤盘。

6. 预热烤箱，将烤盘放入烤箱，上、下火调至 200℃，烤约 5 分钟至其呈金黄色。

7. 馅料制作：另取一玻璃碗，倒入黄油，然后加入 30 克糖粉，用电动搅拌器先慢后快地将碗中材料打发至蓬松。

8. 加入适量盐，搅拌均匀，倒入朗姆酒，快速搅拌均匀，制成馅料。

9. 从烤箱内取出烤盘，放凉。

10. 取一块饼干用勺子把馅抹在饼干的表面，另取一块饼干，将其盖在抹了馅的饼干上，将两块饼干合在一块。

11. 将剩下的饼干都依此法制成香脆朱力饼，装入盘中。

12. 用筛网将糖粉均匀地撒在饼干的表面，即可食用。

「椰蓉蛋酥饼干」

烤制时间：15分钟

看视频学烘焙

材料 Material

低筋面粉---150克
奶粉---------- 20克
鸡蛋------------2个
盐---------------2克
细砂糖------- 60克
黄油---------125克
椰蓉---------- 50克

工具 Tool

刮板，烤箱，油纸

做法 Make

1. 将低筋面粉、奶粉倒在案台上，搅拌片刻，在中间掏一个窝。

2. 加入备好的细砂糖、盐、鸡蛋，在中间拌均匀。

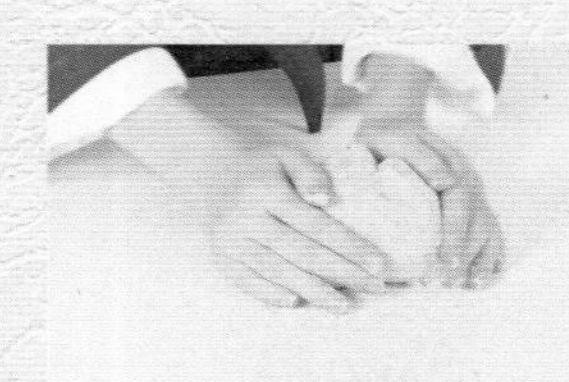

3. 倒入黄油，将四周的面粉覆盖上去，一边翻搅一边按压，直至面团均匀、平滑。

4. 取适量面团揉成圆形，在外圈均匀粘上椰蓉。

5. 再放入铺有油纸的烤盘中，轻轻压成饼状，将剩余的面团依次制成饼干生坯。

6. 将烤盘放入预热好的烤箱里，调成上火180℃、下火150℃，烤15分钟至熟。

7. 待15分钟后，戴上隔热手套将烤盘取出。

8. 装入篮子中，稍放凉即可食用。

「海苔肉松饼干」

烤制时间：15 分钟

看视频学烘焙

材料 Material

低筋面粉---150 克
黄奶油------- 75 克
鸡蛋---------- 50 克
白糖---------- 10 克
盐---------------3 克
泡打粉---------3 克
肉松---------- 30 克
海苔------------2 克

工具 Tool

刮板，烤箱，保鲜膜，冰箱，刀、高温布

做法 Make

1. 将低筋面粉倒在案台上，用刮板开窝。
2. 放入泡打粉，刮匀，加入白糖、盐、鸡蛋，用刮板搅匀。
3. 倒入黄奶油，揉搓成面团，加入海苔、肉松，揉搓均匀。
4. 将面团裹上保鲜膜，放入冰箱，冷冻 1 小时。取出面团，去除保鲜膜。
5. 用刀将面团切成 1.5 厘米厚的饼干生坯。
6. 将饼干生坯放在铺有高温布的烤盘上。
7. 再放入烤箱，以上火 160℃、下火 160℃烤 15 分钟至熟。
8. 从烤箱中取出烤好的饼干，装入盘中即可。

「巧克力奇普饼干」

烤制时间：15 分钟

看视频学烘焙

材料 Material

低筋面粉---100 克
黄油---------- 60 克
红糖---------- 20 克
细砂糖------- 20 克
核桃碎------- 20 克
巧克力豆---- 50 克
小苏打---------4 克
盐---------------2 克
香草粉---------2 克

工具 Tool

电动搅拌器，烤箱，玻璃碗

做法 Make

1. 取一个碗，倒入黄油、细砂糖，搅拌均匀，再加入红糖、小苏打、盐、香草粉，充分搅拌均匀。

2. 加入低筋面粉拌匀，再加入核桃碎、巧克力豆，持续搅拌片刻。在手上沾上干粉，取适量的面团，搓圆。

3. 将搓好的面团放入烤盘，用手掌轻轻按压制成饼状，将剩余的面团依次制成大小一致的饼坯。

4. 将烤盘放入预热好的烤箱内，关好烤箱门。

5. 将上火调为 160℃，下火调为 160 ℃，时间定为 15 分钟烤至松脆。

6. 待 15 分钟后，戴上隔热手套将烤盘取出，将烤好的饼干放入盘中即可食用。

「浓咖啡意大利脆饼」

烤制时间： 20 分钟

看视频学烘焙

材料 Material

低筋面粉---100 克
杏仁---------- 35 克
鸡蛋------------1 个
细砂糖------- 60 克
黄油---------- 40 克
泡打粉---------3 克
咖啡液------8 毫升

工具 Tool

刮板，油纸，烤箱，刀

做法 Make

1. 将低筋面粉倒在案板上，撒上泡打粉，拌匀，开窝。

2. 倒入细砂糖和鸡蛋，搅散蛋黄。

3. 再注入备好的咖啡液，加入黄油，慢慢搅拌一会儿，再揉搓均匀。

4. 撒上杏仁，用力地揉一会儿，至材料成纯滑的面团，静置一会儿，待用。

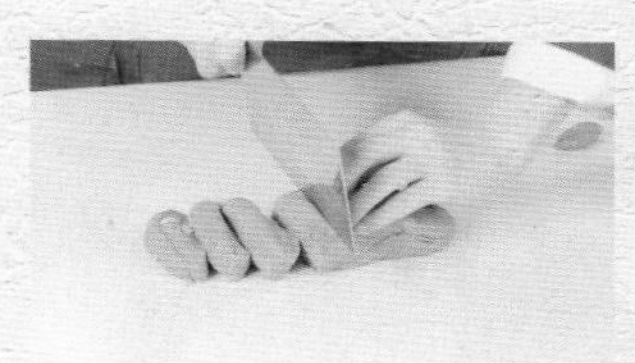

5. 将面团搓成椭圆柱，用刀切成数个剂子。

6. 烤盘上铺上一张大小合适的油纸，摆上剂子，平整地按压几下，呈椭圆形生坯。

7. 烤箱预热，放入烤盘，关好烤箱门，以上、下火均为 180℃的温度烤约 20 分钟，至食材熟透。

8. 断电后取出烤盘，将成品摆放在盘中即可。

看视频学烘焙

「摩卡双色饼干」

烤制时间：20 分钟

材料 Material

原味面团：
低筋面粉---110 克
高筋面粉---100 克
黄油---------100 克
鸡蛋---------- 40 克
细砂糖------100 克
巧克力面团：
低筋面粉---110 克
高筋面粉---100 克
黄油---------110 克
鸡蛋---------- 40 克
细砂糖------100 克
可可粉------- 15 克
熔化的巧克力---- 10 克

工具 Tool

刀，烘焙纸，刮板，玻璃碗，烤箱

做法 Make

1. 烤箱通电后将上火温度调至 180℃、下火温度调至 150℃，进行预热。
2. 把 100 克黄油和细砂糖倒入备好的碗中，充分搅拌均匀。
3. 倒入 40 克鸡蛋搅拌，接着加入 110 克低筋面粉继续混合均匀。
4. 加入 100 克高筋面粉搅拌片刻，制成原味面团备用。
5. 备好碗，倒入剩下的黄油、细砂糖充分搅拌后，加入熔化好的巧克力进行搅拌。
6. 倒入剩下的低筋面粉、高筋面粉充分拌匀，再加入可可粉充分拌匀成巧克力面团待用。
7. 案台上撒适量面粉，取出原味面团、巧克力面团，分别搓成若干个长条形。
8. 将两种颜色的长条形面团交错堆叠在一起，用刮板修整齐，做成长方体状。
9. 将其用刀切断，摆放在盘中，放入冰箱中冷冻 1 个小时，直到面饼变硬。
10. 取出冷冻好的材料，用刀将其切成厚度相当的面饼摆放在铺有烘焙纸的烤盘中。
11. 将烤盘放进预热好的烤箱中，以上火 180℃、下火 150℃烘烤 20 分钟。
12. 将烤好的饼干取出，摆盘即可。

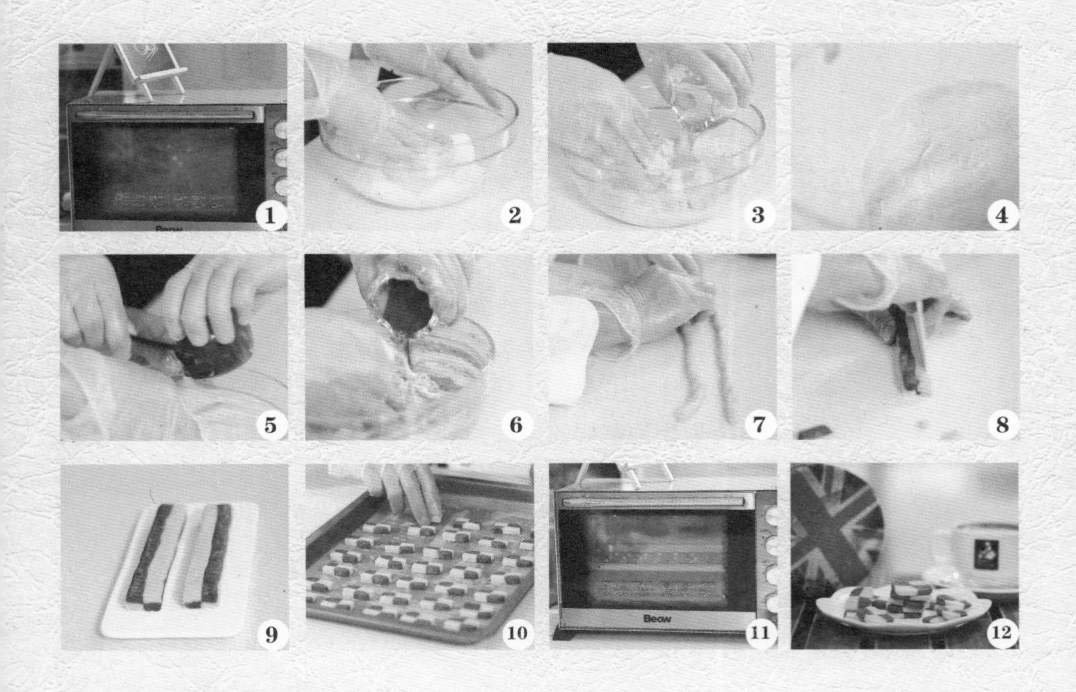

「牛奶棒」

烤制时间： 15 分钟

材料 Material

黄油---------- 70 克
奶粉---------- 60 克
鸡蛋------------ 1 个
牛奶------- 25 毫升
中筋面粉---250 克
细砂糖------- 80 克
泡打粉--------- 2 克

工具 Tool

刮板，保鲜膜，烤箱，冰箱，刀，擀面杖

做法 Make

1. 将中筋面粉倒在案板上，加入奶粉以及泡打粉，用刮板拌匀，开窝。

2. 倒入细砂糖、鸡蛋，注入牛奶，放入黄油。

3. 慢慢和匀，使材料融在一起，再揉成面团。

4. 把面团覆上保鲜膜，擀平制成厚 0.5 厘米左右的面皮，冷藏约半小时。

5. 取出冷藏好的面皮，撕去保鲜膜，再修齐边缘，将面皮分切成 1 厘米左右宽的长方条。

6. 将长方条放在烤盘中静置约 10 分钟，待用。

7. 烤箱预热，放入烤盘，关好烤箱门，以上火 170℃、下火 160℃烤约 15 分钟至食材熟透。

8. 断电后取出烤盘，将烤熟的牛奶棒装盘即成。

「布列塔尼酥饼」

烤制时间：15 分钟

看视频学烘焙

材料 Material

低筋面粉---- 95 克
糖粉---------- 35 克
玉米淀粉---- 20 克
高筋面粉------ 5 克
黄油---------100 克
蛋黄------------ 1 个

工具 Tool

刮板，刷子，烤箱

做法 Make

1. 将高筋面粉、玉米淀粉放入低筋面粉中。
2. 把混合好的材料倒在案台上，用刮板开窝。
3. 加入糖粉、黄油，混合均匀，揉搓成光滑的面团。
4. 把面团切成数个小剂子，再搓成圆饼状，制成生坯。
5. 把生坯装入烤盘，均匀地刷上一层蛋黄。
6. 把烤盘放入预热好的烤箱。
7. 以上、下火 190℃烤 15 分钟至熟。

「蔓越莓酥条」

烤制时间：18 分钟

看视频学烘焙

材料 Material

低筋面粉---- 80 克
黄油---------- 40 克
细砂糖------- 40 克
蛋黄---------- 25 克
蔓越莓干---- 30 克
泡打粉---------1 克
盐---------------2 克

工具 Tool

玻璃碗，长柄刮板，刮板，砧板，烤箱，冰箱，刀，烘焙纸

做法 Make

1. 将软化后的黄油用长柄刮板刮入玻璃碗中，然后加入细砂糖拌匀。

2. 往碗中加入打散的蛋黄搅拌，接着加入盐继续搅拌。

3. 接着往蛋糊中加入低筋面粉和泡打粉，拌匀。

4. 在面糊中加入适量切碎的蔓越莓干。

5. 将面糊揉成柔软的面团放在砧板上，再用刮板按压成厚约 2 厘米的长方形面片。

6. 将面片放入冰箱冷冻半个小时以上，直到面皮变硬方可取出。

7. 用刀将变硬的面片切成厚度一致的小条，并摆放在垫有烘焙纸的烤盘上面。

8. 将烤盘放入预热好的烤箱中，上火 180 ℃，下火 160℃，烘烤 16~18 分钟，至酥条表面呈现金黄色即可。

Part 3

温暖健康的手擀面包

每次路过面包店，轻而易举地就被各种新鲜出炉的面包所吸引。多次幻想着，要用自己的双手来为爱的人做面包，却被繁复的步骤吓退。然而，实践过才知道，面包的制作轻松简单、妙不可言。为家人，为爱人，抑或为自己，请勇敢地做几款好吃、健康而又充满趣味的面包吧。

看视频学烘焙

「蜂蜜吐司」

烤制时间：30 分钟

材料 Material

高筋面粉---500 克
黄奶油------- 70 克
奶粉---------- 20 克
细砂糖------100 克
盐--------------5 克
鸡蛋------------1 个
水---------200 毫升
酵母------------8 克
蜂蜜----------- 适量

工具 Tool

刮板，搅拌器，刷子，擀面杖，烤箱，保鲜膜，吐司模具，玻璃碗

做法 Make

1. 将细砂糖、水倒入碗中，搅拌至细砂糖溶化，待用。
2. 把高筋面粉、酵母、奶粉倒在案台上，用刮板开窝。
3. 倒入备好的糖水，将材料混合均匀，并按压成形。
4. 加入鸡蛋，将材料混合均匀，揉搓成面团。
5. 将面团稍微拉平，倒入黄奶油，揉搓均匀。
6. 加入适量盐，揉搓成光滑的面团。
7. 用保鲜膜将面团包好，静置 10 分钟。
8. 取适量面团，用手压扁，擀成面皮，再将面皮卷成橄榄状，制成生坯。
9. 把生坯放入抹有黄奶油的模具中，使其常温发酵 90 分钟。
10. 将烤箱上下火温度均调为 190℃，预热 5 分钟。
11. 将发酵好的生坯放入烤箱，烘烤 30 分钟至熟。
12. 取出模具，将烤好的面包脱模，装入盘中，刷上适量蜂蜜即可。

「丹麦条」

烤制时间：15 分钟

材料 Material

高筋面粉---170 克
低筋面粉---- 30 克
黄奶油------- 20 克
鸡蛋---------- 40 克
片状酥油---- 70 克
水---------- 80 毫升
细砂糖------- 50 克
酵母------------ 4 克
奶粉---------- 20 克

工具 Tool

刮板，擀面杖，烤箱，冰箱，刀

做法 Make

1. 将高筋面粉、低筋面粉、奶粉、酵母倒在面板上，用刮板拌匀开窝，倒入细砂糖、鸡蛋，拌匀，倒入清水，搅拌匀，再倒入黄奶油，一边翻搅一边按压，制成表面平滑的面团。

2. 撒点干粉在面板上，用擀面杖将揉好的面团擀制成长形面片，在面片的一侧放入片状酥油，将另一侧面片覆盖，把四周的面片封紧，擀至里面的酥油分散均匀。

3. 将擀好的面片叠成三层，再放入冰箱冰冻 10 分钟，取出后继续擀薄，依此擀薄冰冻反复进行三次。再取出面片擀薄擀大，分切成长方形的面片。

4. 将面片依次切成连着的三条，编成麻花辫形放入烤盘中，发酵至 2 倍大，将烤盘放入预热好的烤箱内，上火调为 200℃，下火调为 190℃，时间定为 15 分钟烤至面包松软即可。

「菠菜培根芝士卷」

烤制时间：10 分钟

材料 Material

高筋面粉---500 克
黄奶油------- 70 克
细砂糖------100 克
盐---------------5 克
鸡蛋------------1 个
酵母------------8 克
培根粒------- 40 克
芝士粒------- 30 克
菠菜汁-------- 适量
水---------200 毫升

工具 Tool

刮板，搅拌器，擀面杖，刷子，烤箱，保鲜膜，面包纸杯

做法 Make

1. 将细砂糖加入 200 毫升水中拌匀，制成糖水。

2. 把高筋面粉、酵母倒在案台上，用刮板开窝，倒入糖水，加入鸡蛋，混合均匀，揉搓成面团。

3. 将面团稍微拉平，倒入黄奶油，加入盐，揉搓成的光滑面团，用保鲜膜包好，静置 10 分钟。

4. 取适量面团，擀平成面饼，刷上菠菜汁，撒上芝士粒、培根粒，卷至成橄榄状生坯。

5. 将生坯切成三等份，放入备好的面包纸杯中，常温发酵两小时至微微膨胀。

6. 烤盘中放入发酵好的生坯， 再放入预热好的烤箱中，温度调至上火 190 ℃、下火 190℃，烤 10 分钟至熟，取出即可。

看视频学烘焙

「巧克力果干面包」

烤制时间：10 分钟

材料 Material

高筋面粉---500 克
黄奶油------- 70 克
奶粉---------- 20 克
细砂糖------100 克
盐---------------5 克
鸡蛋------------1 个
水---------200 毫升
酵母------------8 克
提子干------- 20 克
可可粉------- 12 克
巧克力豆---- 25 克

工具 Tool

搅拌器，刮板，擀面杖，电子秤，烤箱，玻璃碗

做法 Make

1. 将细砂糖倒入玻璃碗中，加入清水。

2. 用搅拌器搅拌均匀，搅拌成糖水待用。

3. 将高筋面粉倒在案台上，加入酵母、奶粉，用刮板混合均匀，再开窝。

4. 倒入糖水，刮入混合好的高筋面粉，和成湿面团。

5. 加入鸡蛋，揉搓均匀，加入准备好的黄奶油，充分混合均匀，加入盐，搓成光滑的面团。

6. 秤取约 240 克面团，加入可可粉揉搓匀，加入巧克力豆，揉搓均匀，再加入提子干，揉搓，混合均匀。

7. 把面团分切成四等份剂子。

8. 把剂子揉成小球状，用擀面杖把面团擀成面皮。

9. 把面皮卷成橄榄状，制成面包生坯。

10. 将面包生坯装在烤盘里，常温发酵 1.5 小时。

11. 把发酵好的生坯放入预热好的烤箱里。

12. 以上、下火 190 ℃，烤约 10 分钟至熟，取出即可。

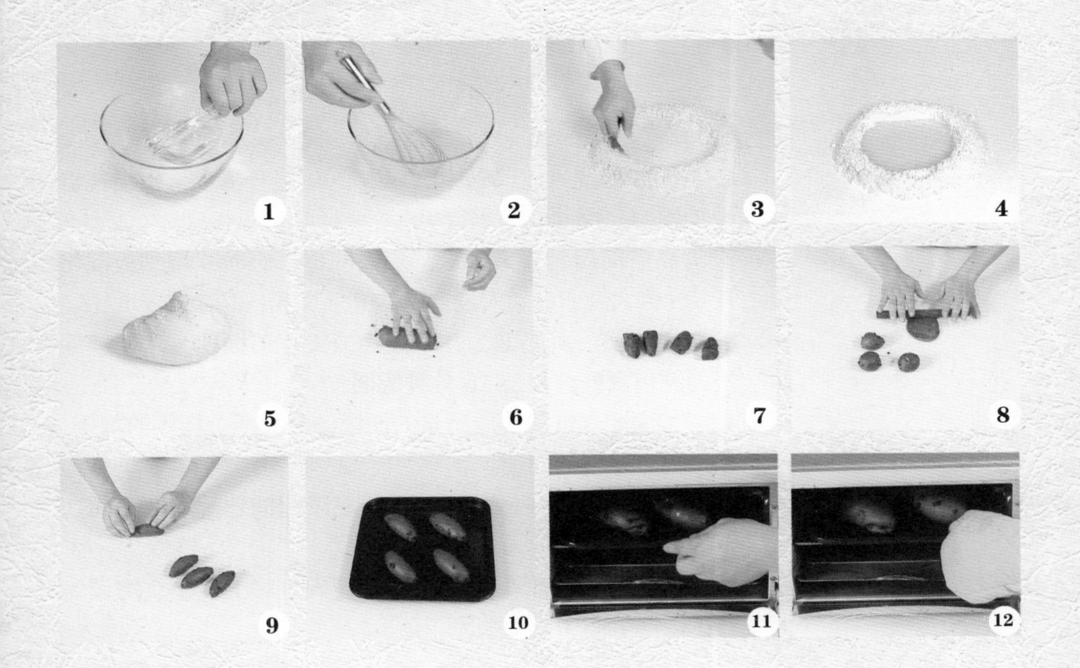

「枣饽饽」

烤制时间：10 分钟

材料 Material

高筋面粉---500 克
黄奶油------- 70 克
奶粉---------- 20 克
细砂糖------100 克
盐---------------5 克
鸡蛋------------1 个
酵母------------8 克
红枣条-------- 适量
水---------200 毫升

工具 Tool

烤箱, 刮板, 保鲜膜, 搅拌器, 玻璃碗

做法 Make

1. 将细砂糖倒入玻璃碗中，加入 200 毫升清水，用搅拌器搅拌均匀，搅拌成糖水待用。

2. 将高筋面粉倒在案台上，加入酵母、奶粉，用刮板混匀开窝，倒入糖水，刮入混合好的高筋面粉，混合成湿面团。

3. 加入鸡蛋、黄奶油、盐，揉搓成光滑的面团，用保鲜膜把面团包裹好，静置 10 分钟醒面。

4. 去掉面团保鲜膜，取适量的面团，分成两个均等的剂子，分别揉成略方的面团。

5. 将面团四边向中间捏起，呈十字隆起的边，在四条面边上插入红枣条，放入烤盘。

6. 待面团发酵两个小时后放入烤箱内，将上、下火均调为 190℃，烤制 10 分钟即可。

「白吐司」

烤制时间：25 分钟

材料 Material

高筋面粉---500 克
黄油---------- 70 克
奶粉---------- 20 克
细砂糖------100 克
盐---------------5 克
鸡蛋------------1 个
水---------200 毫升
酵母------------8 克
蜂蜜----------- 适量

工具 Tool

搅拌器，方形模具，刮板，玻璃碗，保鲜膜，刷子，烤箱

做法 Make

1. 将细砂糖、水倒入玻璃碗中，用搅拌器搅拌至细砂糖溶化，制成糖水待用。
2. 把高筋面粉、酵母、奶粉倒在案台上，用刮板开窝。
3. 倒入备好的糖水，将材料混合均匀，并按压成形。
4. 加入鸡蛋，将材料混合均匀，揉搓成面团。
5. 将面团稍微拉平，倒入黄油，揉搓均匀。
6. 加入盐，揉搓成光滑的面团，用保鲜膜包好，静置 10 分钟。
7. 将面团对半切开，揉搓成两个圆球，放入抹有黄油的方形模具中，发酵 90 分钟。
8. 将模具放入烤箱，以上火 170℃、下火 220℃烤 25 分钟。
9. 取出模具，将面包脱模，刷上适量蜂蜜即可。

「丹麦吐司」

烤制时间：20分钟

材料 Material

高筋面粉---170克
低筋面粉---- 30克
细砂糖------- 50克
黄油---------- 20克
奶粉---------- 12克
盐----------------3克
酵母------------5克
水---------- 88毫升
鸡蛋---------- 40克
片状酥油---- 70克
糖粉----------- 适量

工具 Tool

刮板，方形模具，筛网，玻璃碗，擀面杖，电子秤，刀，烤箱，油纸，刷子，冰箱

做法 Make

1. 将低筋面粉倒入装有高筋面粉的玻璃碗中，搅拌匀。

2. 放入奶粉、酵母、盐，拌匀，倒在案台上，用刮板开窝。

3. 倒入水、细砂糖、鸡蛋，用刮板拌匀，揉搓成面团。

4. 加入黄油，与面团混合均匀，继续揉搓，直至揉成纯滑的面团。

5. 将片状酥油放在油纸上，对折油纸，略压后擀成薄片。

6. 将面团擀成面皮，整理成长方形，在一侧放上酥油片，将另一侧的面皮盖上酥油片，把面皮擀平。

7. 将面片对折两次，放入冰箱，冷藏 10 分钟取出，继续擀平，再对折两次，放入冰箱，冷藏 10 分钟。

8. 取出冷藏好的面团再次擀平，继续对折两次，即成丹麦面团。

9. 用电子秤称取一块 450 克的面团，用刀在面团一端 1/5 处切成三条，将面条编成麻花辫形制成生坯。

10. 将生坯放入刷了黄油的方形模具，使其发酵 90 分钟。

11. 把模具放入预热好的烤箱，以上火 170℃、下火 200℃烤 20 分钟至熟。

12. 从烤箱中取出烤好的丹麦吐司，将适量糖粉过筛至吐司上即可。

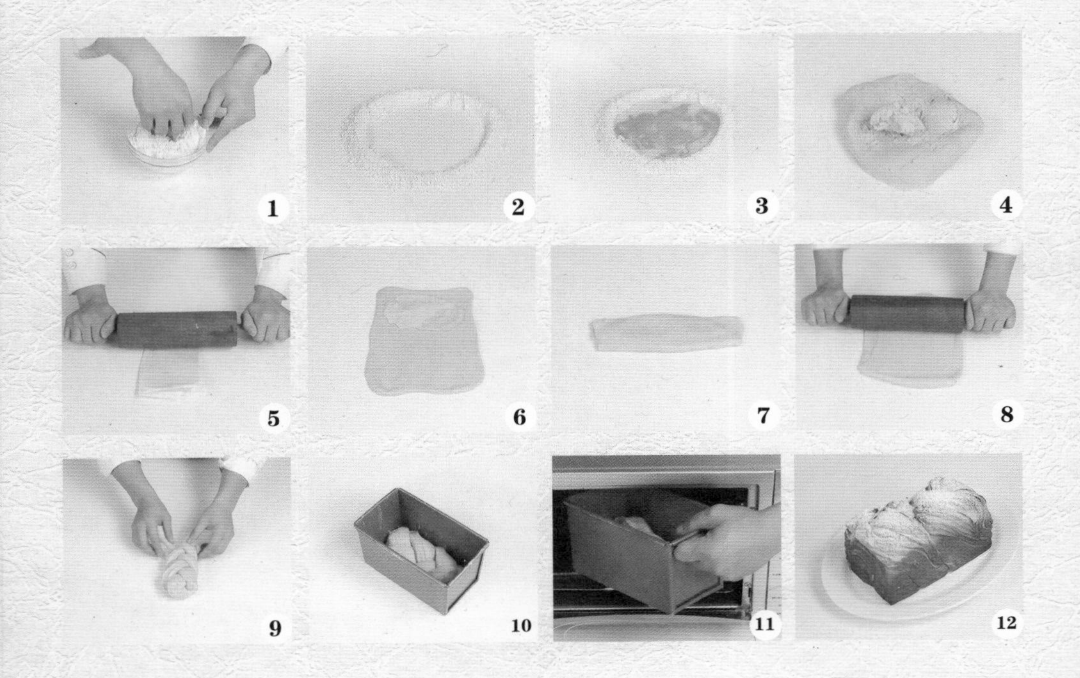

「奶油面包」

烤制时间：13 分钟

看视频学烘焙

材料 Material

高筋面粉---250 克
清水------100 毫升
白糖---------- 50 克
黄油---------- 35 克
酵母------------4 克
奶粉---------- 20 克
蛋黄---------- 15 克
打发鲜的奶油适量
椰蓉----------- 适量
糖浆----------- 适量

工具 Tool

刮板，擀面杖，烤箱，电子秤，蛋糕刀，刷子，裱花袋

做法 Make

1. 高筋面粉加酵母和奶粉，倒在案几上，用刮板拌匀，开窝。

2. 加入白糖、清水、蛋黄，搅匀。

3. 放入黄油，揉搓成纯滑的面团。

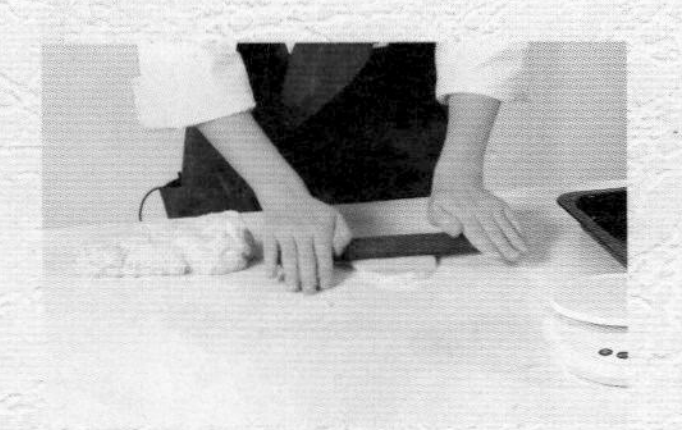

4. 将面团分成4个60克的小剂子，搓圆、擀薄。

5. 从小剂子前端开始，慢慢往回收，卷成橄榄的形状。

6. 再放入烤盘，发酵30分钟。将烤盘放入烤箱，以上、下火170℃烤约13分钟，取出。

7. 用蛋糕刀将面包从中间划开，刷上糖浆，蘸上椰蓉，待用。

8. 取一裱花袋，倒入打发的鲜奶油，挤入面包的刀口处即成。

看视频学烘焙

「手撕包」

烤制时间：15 分钟

材料 Material

高筋面粉---170 克
低筋面粉---- 30 克
细砂糖------- 50 克
黄奶油------- 20 克
奶粉---------- 12 克
盐---------------3 克
酵母------------5 克
水---------- 88 毫升
鸡蛋---------- 40 克
片状酥油---- 70 克
蜂蜜----------- 适量

工具 Tool

刮板，擀面杖，刀子，刷子，烤箱，玻璃碗，油纸，冰箱

做法 Make

1. 将低筋面粉、高筋面粉、奶粉、酵母、盐装入碗中，拌匀。

2. 将材料倒在案台上，开窝，加水、细砂糖，拌匀。

3. 放入鸡蛋，搅拌均匀，揉搓成面团。

4. 加入黄奶油与面团混合均匀，揉搓成纯滑的面团，备用。

5. 片状酥油放在油纸上，对折，略压一下后再用擀面杖擀成薄片，待用。

6. 将面团擀成面皮，再将面皮整理成长方形。

7. 在面皮的一侧放上酥油片，将另一侧的面皮盖上酥油片，把面皮擀平，对折两次，放入冰箱冷藏 10 分钟。

8. 取出冷藏好的面团擀平，再对折两次，放入冰箱冷藏 10 分钟，取出冷藏好的面团。

9. 再将面团擀平，切出四份宽约 1.5 厘米的长形面皮。

10. 面皮的两端向中间卷好，放平，手轻压面团成形，再放入烤盘，发酵 90 分钟后以上、下火 200℃烤 15 分钟。

11. 取出烤好的面包，刷上适量蜂蜜，装入容器中即可。

「哈雷面包」

烤制时间：15 分钟

看视频学烘焙

材料 Material

高筋面粉---500 克
黄油---------- 70 克
奶粉---------- 20 克
细砂糖------160 克
盐---------------5 克
酵母----------- 适量
色拉油-------- 适量
鸡蛋----------- 适量
低筋面粉----- 适量
吉士粉-------- 适量
水-------------- 适量
巧克力膏----- 适量

工具 Tool

刮板，裱花袋，剪刀，保鲜膜，电动搅拌器，牙签，烤箱，电子秤

做法 Make

1. 100 克细砂糖加水溶化，制成糖水，待用。高筋面粉、酵母、奶粉倒在面板上，用刮板开窝。

2. 倒入糖水，混匀，加入鸡蛋、黄油、盐揉成光滑的面团，用保鲜膜包好静置。

3. 将面团分成数个 30 克一个小面团，搓圆，放入烤盘发酵 90 分钟。

4. 将鸡蛋、60 克细砂糖、色拉油用电动搅拌器搅拌均匀。

5. 加入低筋面粉、吉士粉搅匀成哈雷酱。

6. 将哈雷酱装入裱花袋，用剪刀剪一个小口挤在面团上。

7. 方法同上把巧克力膏挤在哈雷酱上，用牙签从面包酱顶端向四周划花纹。

8. 将烤盘放入烤箱，以上、下火 190℃烤 15 分钟至熟。将烤盘取出，装盘即可。

「鲜蔬虾仁比萨」

烤制时间：10 分钟

看视频学烘焙

材料 Material

面皮：
高筋面粉---200 克
酵母------------3 克
黄油---------- 20 克
水---------- 80 毫升
盐---------------1 克
白糖---------- 10 克
鸡蛋------------1 个

馅料：
西蓝花------- 45 克
虾仁----------- 适量
玉米粒-------- 适量
番茄酱-------- 适量
马苏里拉芝士丁-- 适量

工具 Tool

刮板，擀面杖，叉子，烤箱，比萨圆盘

做法 Make

1. 高筋面粉倒在面板上，用刮板开窝，加入水、白糖、酵母、盐搅匀。

2. 放入鸡蛋，倒入高筋面粉、黄油混匀，搓揉至纯滑面团。

3. 取一半面团，用擀面杖擀成圆饼状面皮。

4. 将面皮放入比萨圆盘中，稍加修整。

5. 用叉子在面皮上均匀地扎出小孔，将处理好的面皮放置常温下发酵 1 小时。

6. 面皮上铺一层玉米粒，加入西蓝花、虾仁。

7. 挤上番茄酱，撒上马苏里拉芝士丁，制成生坯。

8. 烤箱温度调至上、下火 200°C，预热烤箱，再放入比萨生坯烤 10 分钟至熟。

看视频学烘焙

「奶香杏仁堡」

烤制时间：10 分钟

材料 Material

高筋面粉---500 克
黄油---------- 70 克
奶粉---------- 20 克
细砂糖------100 克
盐---------------5 克
鸡蛋------------1 个
清水------200 毫升
酵母------------8 克
杏仁片-------- 适量

工具 Tool

刮板，搅拌器，保鲜膜，擀面杖，模具，刷子，烤箱，玻璃碗，电子秤

做法 Make

1. 将细砂糖倒入碗中，加入清水，用搅拌器搅拌均匀，搅拌成糖水待用。

2. 将高筋面粉倒在面板上，加入酵母、奶粉，用刮板混匀，再开窝，倒入糖水、混合好的高筋面粉，混合成湿面团。

3. 加入鸡蛋揉搓均匀，加入黄油，继续揉搓，充分混合。

4. 加入盐，揉搓成光滑的面团，用保鲜膜把面团包裹好，静置 10 分钟醒面。

5. 去掉保鲜膜，把面团搓成条状，用刮板切出 4 个约为 30 克的剂子。

6. 把剂子搓成小球状。

7. 用刷子在模具内壁刷上一层黄油，再粘上一层杏仁片。

8. 将面团用擀面杖擀平，自上而下卷起，即成生坯，放入模具中，常温下发酵 90 分钟。

9. 将烤箱上、下火均调为 190℃，预热 2 分钟。

10. 把发酵好的生坯放入烤箱里，烘烤 10 分钟取出脱模。

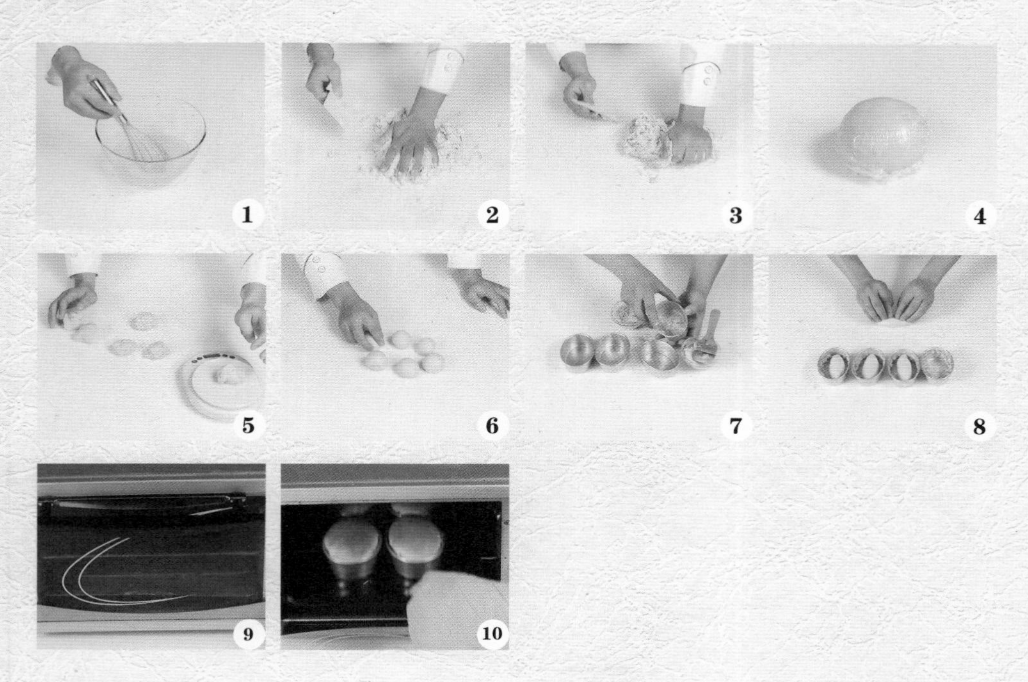

「香葱芝士面包」

烤制时间： 10 分钟

看视频学烘焙

材料 Material

面团部分：
高筋面粉---500 克
黄油---------- 70 克
奶粉---------- 20 克
细砂糖------100 克
盐---------------5 克
鸡蛋-----------1 个
水---------200 毫升
酵母------------8 克

馅料部分：
芝士粒-------- 适量
葱花----------- 适量
蛋液----------- 适量

工具 Tool

刮板，面包纸杯，烤箱，保鲜膜，刷子

做法 Make

1. 细砂糖加水溶化成糖水，待用。高筋面粉、酵母、奶粉混匀，开窝，倒入糖水，按压成形。

2. 加入鸡蛋混匀，揉搓成面团。

3. 倒入黄油，揉匀，加入盐，揉搓成光滑的面团。

4. 用保鲜膜将面团包好，静置 10 分钟。

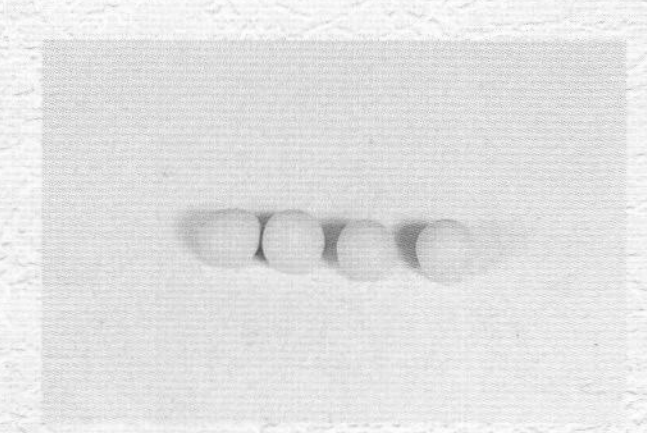

5. 取适量面团，分成 4 个小剂子，然后将剂子搓成小球状生坯。

6. 将生坯放入面包纸杯，再放入烤箱，常温下发酵 2 小时。待发酵完成，在生坯表面刷上蛋液。

7. 再放上芝士粒，并撒上葱花。

8. 将烤盘放入烤箱，以上、下火 190℃烤 10 分钟，即可。

看视频学烘焙

「核桃面包」

烤制时间：15 分钟

材料 Material

高筋面粉---500 克
黄奶油------- 70 克
奶粉---------- 20 克
细砂糖------100 克
盐---------------5 克
鸡蛋------------1 个
水---------200 毫升
酵母------------8 克
核桃仁-------- 适量

工具 Tool

搅拌器，刮板，剪刀，擀面杖，烤箱，玻璃碗，保鲜膜，电子秤

做法 Make

1. 将细砂糖、水倒入碗中，搅拌至细砂糖溶化，待用。
2. 把高筋面粉、酵母、奶粉倒在案台上，用刮板开窝。
3. 倒入备好的糖水，将材料混合均匀。
4. 加入鸡蛋，将材料混合均匀，揉搓成面团。
5. 将面团稍微拉平，倒入黄奶油，揉搓均匀。
6. 加入适量盐，揉搓成光滑的面团，用保鲜膜将面团包好，静置 10 分钟。
7. 将面团分成数个 60 克一个的小面团，揉搓成圆形。
8. 将小面团用手压平，再用擀面杖擀薄。
9. 用剪刀剪出 5 个小口，呈花形。
10. 将花形面团放入烤盘中，自然发酵 90 分钟。
11. 在发酵好的花形面团上，放入核桃仁。
12. 将烤盘放入烤箱，以上、下火 190℃烤 15 分钟，即可。

「芝麻贝果培根三明治」

煎制时间： 3 分钟

看视频学烘焙

材料 Material

芝麻贝果------1 个
生菜叶---------2 片
西红柿---------2 片
培根------------1 片
黄瓜------------4 片
色拉油-------- 适量
沙拉酱-------- 适量

工具 Tool

刷子，蛋糕刀，煎锅

做法 Make

1. 煎锅中倒入少许色拉油烧热，放入培根，煎至焦黄色后盛出。
2. 将准备好的所有食材置于案台上。
3. 用蛋糕刀将芝麻贝果平切成两半。
4. 分别刷上一层沙拉酱。
5. 再放上备好的生菜叶、西红柿、培根、黄瓜片。
6. 盖上另一块面包，制成三明治。
7. 将做好的三明治装入盘中即可。

「金砖」

烤制时间：25 分钟

看视频学烘焙

材料 Material

高筋面粉---170 克
低筋面粉---- 30 克
细砂糖------- 50 克
黄油---------- 20 克
奶粉---------- 12 克
盐----------------3 克
酵母------------5 克
水---------- 88 毫升
鸡蛋---------- 40 克
片状酥油---- 70 克
蜂蜜----------- 适量

工具 Tool

刮板，模具，擀面杖，刀子，刷子，油纸，烤箱，玻璃碗，冰箱

做法 Make

1. 低筋面粉倒入装有高筋面粉的碗中，拌匀，放入奶粉、酵母，拌匀，倒在案台上。

2. 用刮板开窝，倒入水、细砂糖、鸡蛋、盐拌匀，加入黄油，混匀，搓成纯滑的面团。

3. 片状酥油放油纸上，对折，擀成薄片。

4. 将面团擀平，放上酥油片，盖好，擀平。

5. 面片对折两次，放入冰箱，冷藏 10 分钟，取出擀平，重复上述步骤三次。

6. 将面团的四周用刀修理齐。

7. 将面团放入刷有黄油的模具发酵 90 分钟，再放入烤箱，以上火 170℃、下火 190℃烤 25 分钟。

8. 取出烤好的金砖，脱模，装盘，刷上蜂蜜即可。

看视频学烘焙

「奶酥面包」

烤制时间： 10 分钟

材料 Material

面团：

高筋面粉---500 克

黄油---------- 70 克

奶粉---------- 20 克

细砂糖------100 克

盐---------------5 克

鸡蛋------------1 个

清水------200 毫升

酵母------------8 克

香酥粒：

低筋面粉---- 70 克

细砂糖------- 30 克

黄油---------- 30 克

工具 Tool

搅拌器，刮板，保鲜膜，电子秤，纸杯，烤箱，玻璃碗

做法 Make

1. 将细砂糖倒入玻璃碗中，加入清水。

2. 用搅拌器搅拌匀，制成糖水待用。

3. 将高筋面粉、酵母、奶粉用刮板混合均匀，再开窝。

4. 倒入糖水，刮入混合好的高筋面粉，混合成湿面团，加入鸡蛋，揉搓均匀。

5. 加入黄油， 继续揉搓，充分混合，加入盐，揉搓成光滑的面团。

6. 用保鲜膜把面团包裹好，静置 10 分钟饧面。

7. 去掉面团保鲜膜，把面团搓成条状。

8. 用电子秤称取数个 60 克的小面团，揉搓成小球状。

9. 取 4 个面球放入烤盘的纸杯里，常温发酵 90 分钟，制成生坯。

10. 把细砂糖倒入玻璃碗中，加入黄油、低筋面粉搅匀。

11. 揉捏成颗粒状，撒在面包生坯上。

12. 把生坯放入预热好的烤箱里，上、下火均调为 190℃烤 10 分钟即可。

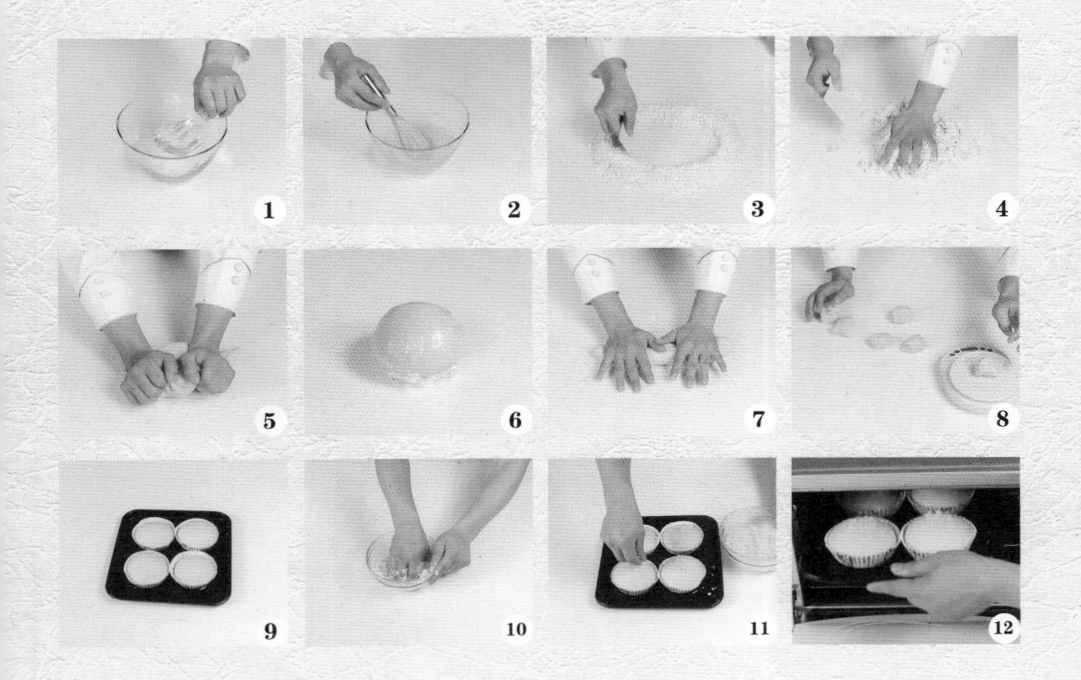

「莲蓉吐司」

烤制时间：25 分钟

看视频学烘焙

原料 Material

高筋面粉---500 克
黄油 --------- 70 克
奶粉---------- 20 克
细砂糖------100 克
盐---------------5 克
鸡蛋---------- 50 克
水---------200 毫升
酵母------------8 克
莲蓉馅------- 50 克
沙拉酱-------- 适量

工具 Tool

刮板，方形模具，搅拌器，裱花袋，擀面杖，剪刀，小刀，刷子，烤箱，保鲜膜，玻璃碗，电子秤

做法 Make

1. 将细砂糖、水倒入碗中，用搅拌器搅拌至糖溶化。

2. 把高筋面粉、酵母、奶粉倒在面板上，用刮板开窝，倒入糖水混匀，并按压成形。

3. 加鸡蛋揉成面团，拉平，入黄油搓匀。

4. 加入适量盐，搓至纯滑，用保鲜膜将面团包好，静置 10 分钟去膜，称 450 克的面团。

5. 将面团压平，放入莲蓉馅，包好，搓匀，用擀面杖擀薄，用小刀依次在上面划几刀。

6. 将面皮翻面，卷成卷，放入刷好黄油的方形模具中发酵。

7. 将沙拉酱装入裱花袋中，用剪刀剪开尖角，挤在面团上。

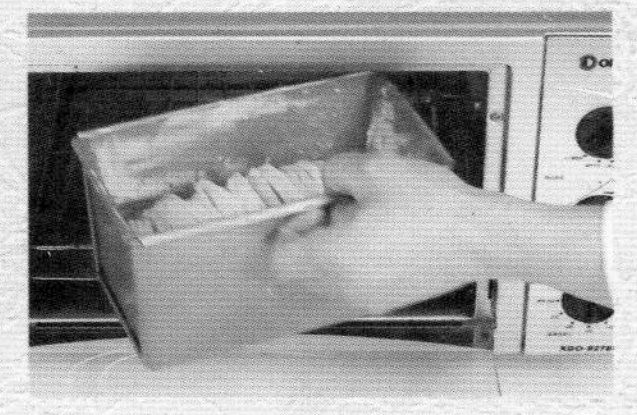

8. 以上火 160 ℃、下火 220℃预热烤箱后，入模具烤至面包熟透即可。

看视频学烘焙

「牛角包」

烤制时间： 15 分钟

材料 Material

高筋面粉---500 克
黄油---------- 70 克
奶粉---------- 20 克
细砂糖------100 克
盐---------------5 克
鸡蛋---------- 50 克
水---------200 毫升
酵母------------8 克
白芝麻-------- 适量

工具 Tool

玻璃碗，刮板，搅拌器，保鲜膜，电子秤，擀面杖，小刀，烤箱

做法 Make

1. 将细砂糖、水倒入碗中，用搅拌器搅拌至细砂糖溶化。
2. 把高筋面粉、酵母、奶粉倒在案台上，用刮板开窝。
3. 倒入备好的糖水，将材料混合均匀，并按压成形。
4. 加入鸡蛋，将材料混合均匀，揉搓成面团。
5. 将面团拉平，倒入黄油揉匀，加入盐，揉成光滑面团。
6. 用保鲜膜将面团包好，静置 10 分钟后将面团分成数个 60 克一个的小面团。
7. 将小面团揉搓成圆球，压平，用擀面杖将面皮擀薄。
8. 在面皮一端，用小刀切一个小口，将切开的两端慢慢地卷起来，搓成细长条。
9. 把两端连起来，围成一个圈，制成牛角包生坯。
10. 将牛角包生坯放入烤盘，使其发酵 90 分钟。
11. 在牛角包生坯上撒适量白芝麻，将烤盘放入烤箱，以上火 190℃、下火 190℃烤 15 分钟至熟。
12. 取出烤盘，将烤好的牛角包装入容器中即可。

「菠萝包」

烤制时间：15 分钟

看视频学烘焙

材料 Material

高筋面粉---500 克
黄奶油------107 克
奶粉---------- 20 克
细砂糖------200 克
盐--------------- 5 克
鸡蛋---------- 50 克
酵母------------ 8 克
低筋面粉---125 克
食粉------------ 1 克
臭粉------------ 1 克
水---------215 毫升

工具 Tool

刮板，搅拌器，擀面杖，竹签，刷子，烤箱，玻璃碗，保鲜膜

做法 Make

1. 将 100 克细砂糖、200 毫升水倒入碗中，拌至溶化。

2. 把高筋面粉、酵母、奶粉倒在案台上，用刮板开窝，倒入糖水，混匀揉搓，加入鸡蛋，揉成面团。

3. 将面团稍微拉平，倒入 70 克黄奶油，加入盐，揉搓成光滑的面团，用保鲜膜包好，静置 10 分钟。

4. 将面团分成数个小面团，搓成圆形，发酵 90 分钟。

5. 将低筋面粉倒在案台上，用刮板开窝，倒入 15 毫升水、100 克细砂糖，拌匀，加入臭粉、食粉，混匀，倒入 37 克黄奶油，混匀，揉搓成纯滑的面团。

6. 取一小块面团，裹好保鲜膜，擀薄后放在发酵好的面团上，刷上蛋液，用竹签划上十字花形，制成菠萝包生坯，再放入烤箱中，以上、下火均为 190℃的温度烤 15 分钟即可。

「罗宋包」

烤制时间：15 分钟

看视频学烘焙

材料 Material

高筋面粉---500 克
黄奶油------- 80 克
奶粉---------- 20 克
细砂糖------100 克
盐--------------5 克
鸡蛋---------- 50 克
酵母------------8 克
低筋面粉----- 适量
水---------200 毫升

工具 Tool

刮板，搅拌器，筛网，擀面杖，小刀，烤箱，玻璃碗，保鲜膜，电子秤

做法 Make

1. 将细砂糖、清水倒入碗中，搅拌至砂糖溶化。

2. 把高筋面粉、酵母、奶粉倒在案台上，用刮板开窝，倒入糖水，混匀并按压成形，加入鸡蛋，揉搓成面团。

3. 将面团稍微拉平，倒入 70 克黄奶油，揉搓匀，加入适量盐，揉搓成光滑的面团，裹好保鲜膜，静置 10 分钟。

4. 将面团分成数个 60 克一个的小面团，揉搓成圆形，用擀面杖将面团擀平，从一端开始，将面团卷成卷，揉成橄榄形，放入烤盘，发酵 90 分钟。

5. 用小刀在发酵好的面团上逐个划一道口子，并将剩余的 10 克黄奶油分别放入切口部位，将低筋面粉过筛至面团上。

6. 把烤盘放入烤箱中，以上、下火 190℃的温度烤 15 分钟至熟即可。

看视频学烘焙

「沙拉包」

烤制时间：15 分钟

材料 Material

高筋面粉---500克
黄油---------- 70克
奶粉---------- 20克
细砂糖------100克
盐---------------5克
鸡蛋---------- 50克
水---------200毫升
酵母------------8克
沙拉酱-------- 适量

工具 Tool

刮板，搅拌器，玻璃碗，裱花袋，保鲜膜，电子秤，剪刀，烤箱

做法 Make

1. 将细砂糖、水倒入玻璃碗中，用搅拌器搅拌至细砂糖溶化，制成糖水，待用。
2. 把高筋面粉、酵母、奶粉倒在案台上，用刮板开窝。
3. 倒入备好的糖水，将材料混合均匀，并按压成形。
4. 加入鸡蛋，将材料混合均匀，揉搓成面团。
5. 将面团稍微拉平，倒入黄油，揉搓均匀，加入盐，揉搓成光滑的面团。
6. 用保鲜膜将面团包好，静置10分钟。
7. 将面团分成数个60克一个的小面团，揉成圆球。
8. 将圆球面团放入烤盘中，使其发酵90分钟。
9. 将适量沙拉酱装入裱花袋之中，在尖端部位剪开一个小口。
10. 在发酵好的面团上挤入沙拉酱。
11. 将烤箱温度调为上火190℃、下火190℃，进行预热。
12. 放入烤盘，烤15分钟至熟，取出，装入盘中即可。

「牛奶面包」

烤制时间：15 分钟

看视频学烘焙

材料 Material

高筋面粉---200 克
蛋白---------- 30 克
酵母------------3 克
牛奶------100 毫升
细砂糖------- 30 克
黄奶油------- 35 克
盐---------------2 克

工具 Tool

刮板，擀面杖，剪刀，烤箱，高温布

做法 Make

1. 将高筋面粉倒在案台上，加入盐、酵母，用刮板混合均匀。

2. 用刮板开窝，倒入蛋白、细砂糖，倒入牛奶，放入黄奶油，刮入混合好的高筋面粉，搓成湿面团。

3. 将湿面团搓成光滑的面团，分成三等份剂子，再把剂子搓成光滑的小面团。

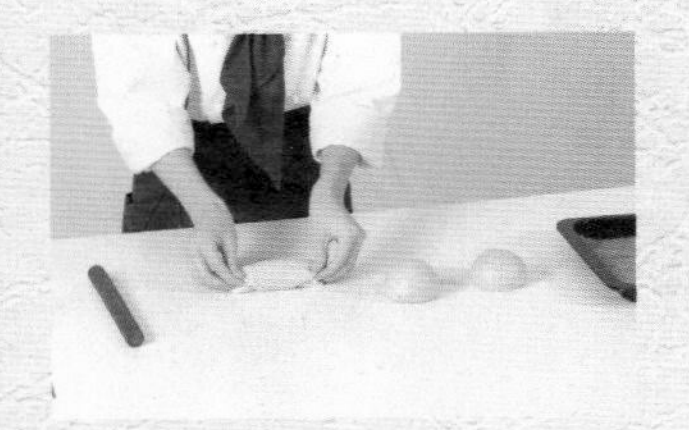

4. 用擀面杖把小面团擀成薄厚均匀的面皮，卷成圆筒状，制成生坯。

5. 将制作好的生坯装入垫有高温布的烤盘里，常温 1.5 小时发酵。

6. 用剪刀在发酵好的生坯上逐一剪开数道平行的口子，再逐个往开口处撒上适量细砂糖。

7. 取烤箱，放入生坯，关上烤箱门，上、下火均调为 190℃，烘烤时间设为 15 分钟，开始烘烤。

8. 打开烤箱门，戴上隔热手套，把烤好的面包取出，装在篮子里即可。

看视频学烘焙

「奶香桃心包」

烤制时间： 15 分钟

材料 Material

高筋面粉---500克
黄油---------- 70克
奶粉---------- 20克
细砂糖------100克
盐---------------5克
鸡蛋---------- 50克
水---------200毫升
酵母------------8克

工具 Tool

刮板，搅拌器，玻璃碗，电子秤，擀面杖，小刀，烤箱，保鲜膜

做法 Make

1. 将细砂糖、水倒入玻璃碗中，用搅拌器搅拌至细砂糖溶化，制成糖水，待用。
2. 把高筋面粉、酵母、奶粉倒在案台上，用刮板开窝。
3. 倒入备好的糖水，将材料混合均匀，并按压成形。
4. 加入鸡蛋，将材料混合均匀，揉搓成面团。
5. 将面团稍微拉平，倒入黄油，揉搓均匀，加入盐，揉搓成光滑的面团。
6. 用保鲜膜将面团包好，静置10分钟。
7. 将面团分成数个60克一个的小面团，揉搓成圆球，压平，再用擀面杖擀成面皮。
8. 面皮对折，用小刀从中间切开，但不切断。
9. 切面翻开，呈心形，稍微压平，制成桃心包生坯。
10. 将桃心包生坯放入烤盘，使其发酵90分钟。
11. 将烤盘放入烤箱，以上火190℃、下火190℃烤15分钟至熟。

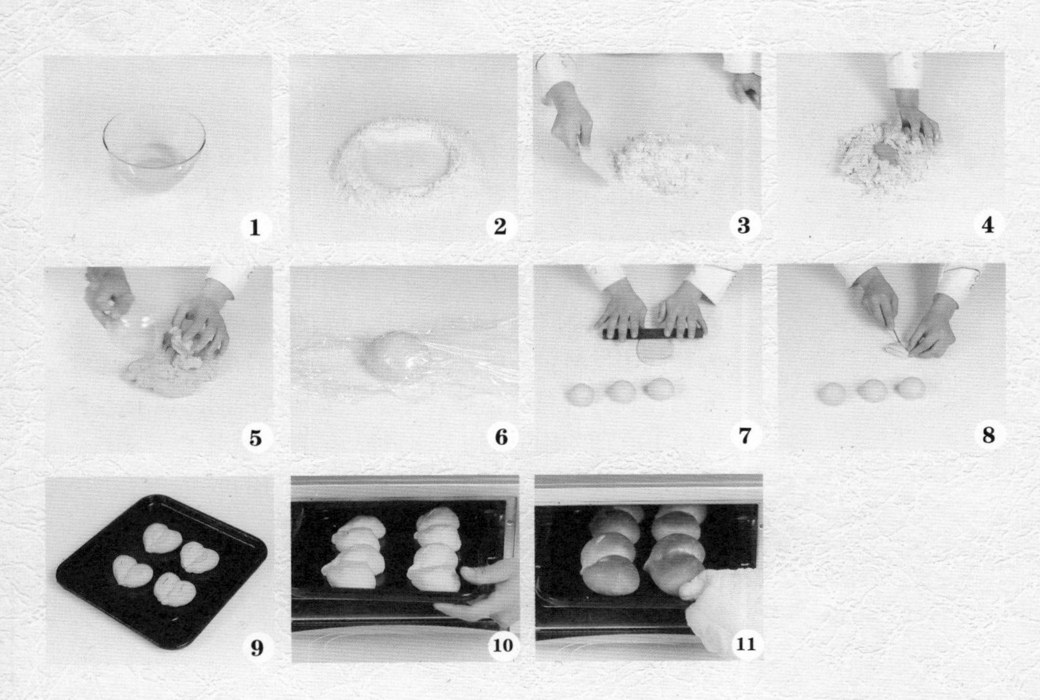

「全麦面包」

烤制时间：15 分钟

看视频学烘焙

材料 Material

高筋面粉---200 克
细砂糖------- 50 克
全麦粉------- 50 克
鸡蛋------------1 个
酵母------------4 克
黄奶油------- 35 克
水---------100 毫升

工具 Tool

刮板，纸杯，烤箱，电子秤

做法 Make

1. 将高筋面粉、全麦粉、酵母倒在面板上，和匀，开窝。
2. 倒入细砂糖和鸡蛋，拌匀，加入清水，再拌匀，放入黄奶油，慢慢地搅拌一会儿，至材料完全融合在一起，再揉成面团。
3. 用备好的电子秤称取 60 克左右的面团，依次称取 4 个面团，揉圆，放入 4 个纸杯中，待发酵。
4. 待面团发酵至 2 倍大，取纸杯，放在烤盘中，摆放整齐。
5. 烤箱预热，将烤盘推入中层，关好烤箱门，以上、下火同为 190℃的温度烤约 15 分钟，至食材熟透。
6. 断电后取出烤盘，稍稍冷却后拿出烤好的成品，装盘即可。

「麸皮核桃包」

烤制时间： 15 分钟

看视频学烘焙

材料 Material

高筋面粉---200 克
麸皮---------- 50 克
酵母------------4 克
鸡蛋------------1 个
细砂糖------- 50 克
黄奶油------- 35 克
奶粉---------- 20 克
核桃仁-------- 适量
水---------100 毫升

工具 Tool

刮板，小刀，烤箱，擀面杖，圆形模具

做法 Make

1. 将高筋面粉、麸皮、奶粉、酵母倒在面板上，用刮板拌匀，开窝。

2. 倒入细砂糖和鸡蛋，拌匀，加入清水、黄奶油，慢慢地和匀，至材料完全融合在一起，揉成面团。

3. 把面团擀薄，呈 0.3 厘米厚的面皮，取备好的模具，在面皮上按压出八个面团。

4. 取两个面团叠起来，依次叠好四份，取一份在中间割开一个小口，放入核桃仁，按压好放入烤盘。

5. 依次做好其余的核桃包生坯，装在烤盘中，摆整齐，待发酵好。

6. 烤箱预热，放入烤盘，关好烤箱门，以上、下火同为 190℃的温度烤约 15 分钟。取出烤盘，稍稍冷却后拿出烤好的成品，装盘即可。

看视频学烘焙

「红豆全麦吐司」

烤制时间： 25分钟

材料 Material

全麦面粉---250 克
高筋面粉---250 克
盐---------------5 克
酵母------------5 克
细砂糖------100 克
水---------200 毫升
鸡蛋------------1 个
黄油---------- 70 克
红豆粒-------- 适量

工具 Tool

刮板，方形模具，刷子，小刀，电子秤，擀面杖，烤箱

做法 Make

1. 将全麦面粉、高筋面粉倒在案台上，用刮板开窝。
2. 放入酵母刮在粉窝边，倒入细砂糖、水、鸡蛋，用刮板搅散。
3. 将材料混合均匀，加入黄油，揉搓均匀。
4. 加入盐，混合均匀，揉搓成面团。
5. 取方形模具，用刷子在内侧刷上一层黄油待用。
6. 用电子秤称取 350 克的面团，用擀面杖将面团擀平。
7. 放上适量红豆粒，收口，揉成圆球，用擀面杖擀成面皮。
8. 用小刀在面皮上轻轻地划上数道口子，将面皮翻面，再卷成橄榄形，制成生坯。
9. 把生坯放入模具里，在常温下发酵 90 分钟。
10. 将发酵好的生坯放入预热好的烤箱里。
11. 关上箱门，以上火 190℃、下火 190℃烤 25 分钟至熟。
12. 取出烤好的面包，脱模，装入盘中即可。

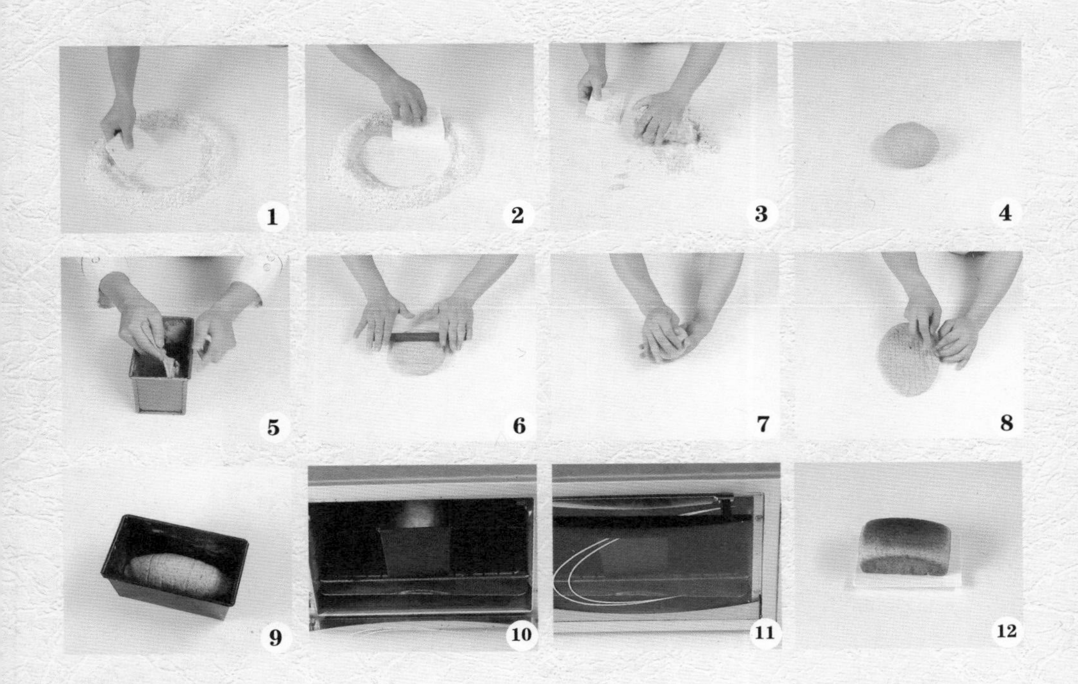

Part 4

浪漫甜蜜的美味蛋糕

蛋糕，它那松软绵滑的口感、精致诱人的外形，给人一种幸福美满的感觉。而它也总是寄托着我们的祝福和爱意，无论是特殊日子，还是平常的小聚会，美味的蛋糕总是不会缺席。在蛋糕篇中，共为大家介绍了多款美味的蛋糕，现在就动手吧，制作一份属于自己的美味和浪漫吧！

看视频学烘焙

「红豆戚风蛋糕卷」

烤制时间：20 分钟

材料 Material

蛋黄部分：
蛋黄------------5 个
细砂糖------- 28 克
低筋面粉---- 70 克
玉米淀粉---- 55 克
泡打粉---------2 克
清水------- 70 毫升
色拉油---- 55 毫升
蛋白部分：
蛋白------------5 个
细砂糖------- 97 克
塔塔粉---------3 克
其他配料：
打发的植物鲜奶油适量
熟红豆粒----- 适量
透明果胶----- 适量
椰丝----------- 适量

工具 Tool

电动搅拌器，搅拌器，筛网，蛋糕刀，擀面杖，烘焙纸，蛋糕纸，烤箱，玻璃碗，刷子

做法 Make

1. 蛋黄部分的制作：将蛋黄、色拉油入碗中，搅拌均匀。

2. 用筛网将低筋面粉、玉米淀粉、泡打粉筛至玻璃碗中搅拌均匀，依次将清水、28 克细砂糖加入大碗中，搅拌均匀，待用。

3. 蛋白部分的制作：将蛋白倒入玻璃碗中，用电动搅拌器打至起泡。

4. 倒入 97 克细砂糖，快速打发，加入塔塔粉，快速打发至呈鸡尾状。

5. 取一部蛋白倒入搅拌好的蛋黄中搅匀，再倒回剩余蛋白里，拌匀。

6. 将拌好的材料倒入铺好蛋糕纸的烤盘中，抹匀，均匀地撒上熟红豆粒。

7. 将烤盘放入预热好的烤箱里，以上火 180℃、下火 160℃烤 20 分钟，至其呈深黄色。

8. 取出烤盘，待凉后取出蛋糕，将蛋糕翻面，放在烘焙纸上，撕去上面的纸张。

9. 将蛋糕翻面，抹上打发的植物鲜奶油。

10. 把烘焙纸的一端往上提，用木棍轻轻地往外卷起来，将蛋糕卷成卷。

11. 切除两端不平整的地方，再将蛋糕卷切成均匀的三等份， 最后刷上透明果胶，再粘上椰丝即可。

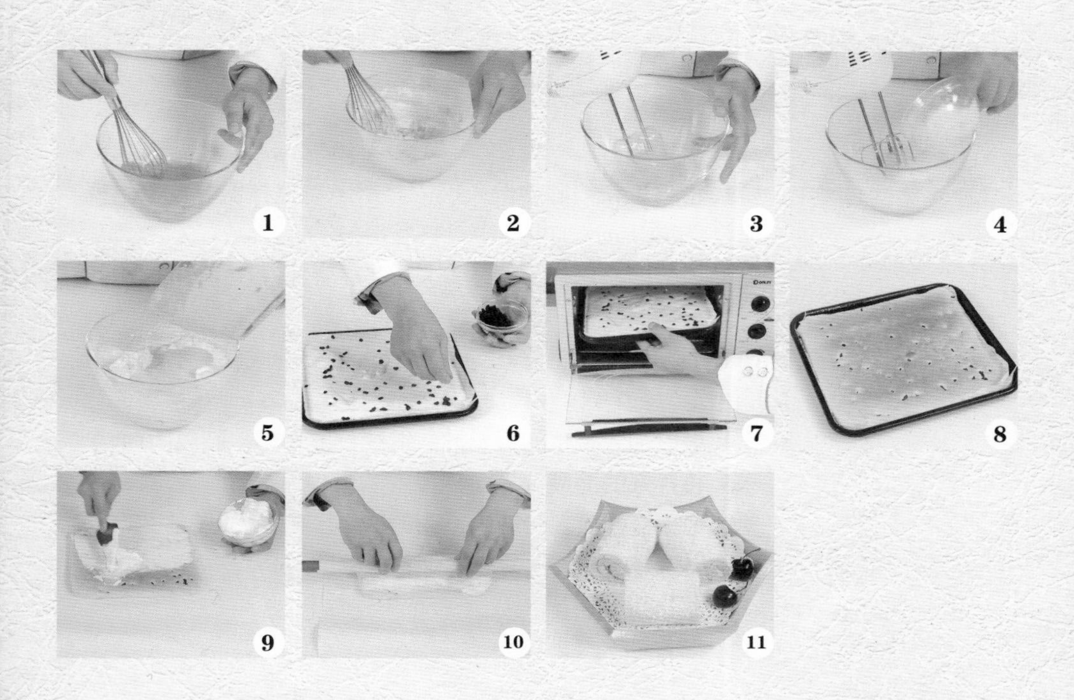

「柳橙蛋糕」

烤制时间：35 分钟

材料 Material

酸奶---------100 克
鸡蛋------------3 个
细砂糖------245 克
低筋面粉---- 60 克
高筋面粉---- 60 克
泡打粉---------7 克
橙皮---------- 15 克
浓缩橙汁- 30 毫升
融化的黄奶油---- 70 克

工具 Tool

电动搅拌器，筛网，刀，蛋糕模，玻璃碗，烤箱

做法 Make

1. 将鸡蛋和细砂糖倒入碗中，用电动搅拌器打发至浓稠，再将酸奶分次加入当中，打发均匀。

2. 用筛网将低筋面粉、高筋面粉、泡打粉过筛至碗中，打发匀。

3. 加入橙汁，打发均匀。用刀将橙皮削成丝，加进碗中，打发匀。

4. 最后加入融化的黄奶油，继续打发均匀，制成面糊。

5. 将拌好的面糊倒入蛋糕模内，至八分满。

6. 把蛋糕模放入烤箱内，温度调成上下火 180℃烤 35 分钟。取出烤好的蛋糕，冷却后倒扣脱模即可。

「维也纳蛋糕」

烤制时间：20 分钟

材料 Material

鸡蛋------------ 4 个
蜂蜜------- 20 毫升
低筋面粉--- 100 克
细砂糖------ 170 克
奶粉---------- 10 克
朗姆酒---- 10 毫升
黑巧克力液-- 适量
白巧克力液-- 适量

工具 Tool

裱花袋，烘焙纸，电动搅拌器，剪刀，蛋糕刀，烤箱，玻璃碗

做法 Make

1. 将鸡蛋、细砂糖倒入碗中，用电动搅拌器拌匀。

2. 将奶粉倒入低筋面粉中混合，倒入蛋液中，再加入朗姆酒、蜂蜜，用电动搅拌器拌成浆。

3. 将蛋糕浆倒入垫有烘焙纸的烤盘中，放入上、下火 170℃预热过的烤箱中，烤 20 分钟至熟。

4. 将黑巧克力液、白巧克力液分别装入裱花袋中，用剪刀剪出小口，在蛋糕上斜向划上巧克力条纹。

5. 待巧克力凝固之后，将蛋糕切成长宽条状，装盘即成。

看视频学烘焙

「巧克力抹茶蛋糕」

烤制时间： 20 分钟

材料 Material

蛋黄部分：
清水------- 20 毫升
色拉油---- 55 毫升
细砂糖------- 28 克
低筋面粉---- 70 克
玉米淀粉---- 55 克
泡打粉--------- 2 克
蛋黄------------ 5 个
抹茶粉------- 15 克
蛋白部分：
细砂糖------100 克
塔塔粉--------- 3 克
蛋白------------ 5 个
其他配料：
白巧克力液---- 50 毫升
黑巧克力液---- 10 毫升

工具 Tool

搅拌器，筛网，裱花袋，长柄刮板，烘焙纸，电动搅拌器，蛋糕刀，筷子，烤箱，玻璃碗

做法 Make

1. 蛋黄部分的制作：将清水、细砂糖、色拉油倒入碗中，用搅拌器搅拌均匀。

2. 用筛网将低筋面粉、抹茶粉、玉米淀粉过筛至碗中，搅拌至糊状，加入泡打粉、蛋黄搅拌至其呈面糊。

3. 蛋白部分的制作：将蛋白倒入另一碗中，用电动搅拌器将其打至起泡。

4. 加入细砂糖，继续搅拌片刻，倒入塔塔粉，快速搅拌至至鸡尾状。

5. 将一半拌好的蛋白倒入搅拌好的蛋黄中，搅拌匀，再倒回剩下的蛋白中，搅拌均匀。

6. 在烤盘上平铺一张烘焙纸，倒入拌好的面糊，抹平、抹匀。

7. 将烤盘放入预热好的烤箱中，上火 180℃、下火 160℃，烤 20 分钟，至蛋糕熟透。

8. 取出烤盘，放凉，取出蛋糕，放在烘焙纸上，撕去上面的烘焙纸。

9. 把蛋糕切成大小均等的块状，再将白巧克力液均匀地淋在蛋糕上。

10. 用筷子将白巧克力液抹均匀，使其包裹住蛋糕。

11. 最后用裱花袋将黑巧克力液在蛋糕上以 Z 字形打上花纹即可。

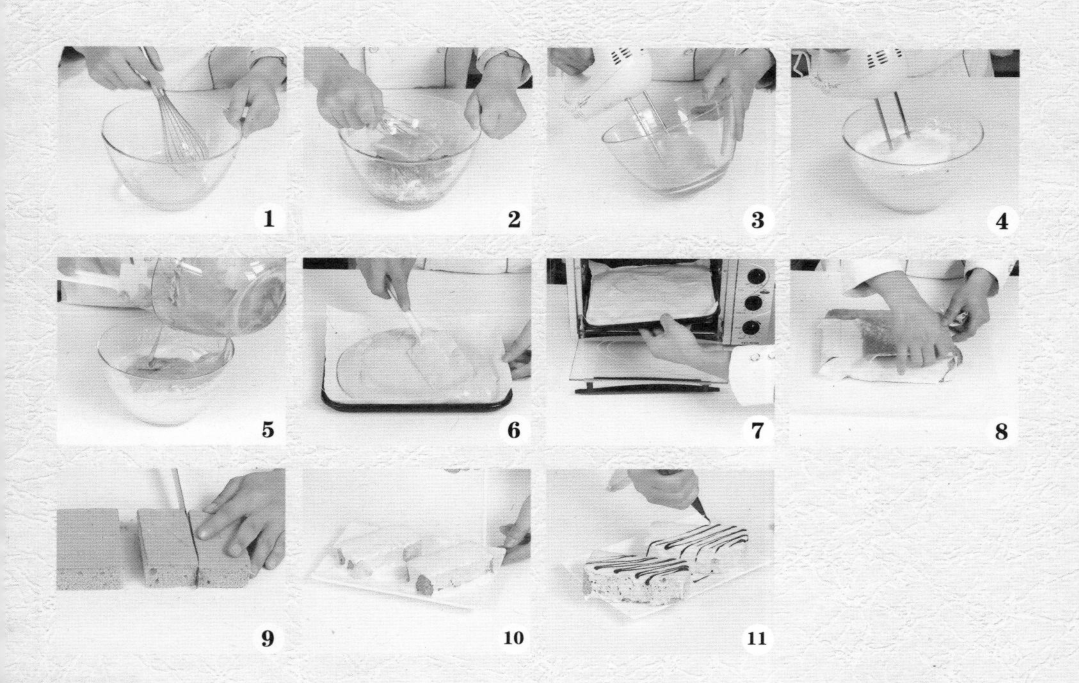

「白留板蛋糕」

烤制时间：20 分钟

看视频学烘焙

材料 Material

低筋面粉---125 克
鸡蛋---------225 克
细砂糖------125 克
盐----------------1 克
塔塔粉---------5 克
蛋糕油-----12.5 克
清水---------7 毫升
色拉油------7 毫升

工具 Tool

电动搅拌器，长柄刮板，烘焙纸，蛋糕刀，烤箱，玻璃碗

做法 Make

1. 把鸡蛋倒入玻璃碗中，加入细砂糖，用电动搅拌器快速搅匀。

2. 加入盐、低筋面粉、塔塔粉、蛋糕油搅匀。

3. 加入清水，搅匀。

4. 放入色拉油，搅匀，搅成纯滑的蛋糕浆。

5. 把蛋糕浆倒入垫有烘焙纸的烤盘里，用长柄刮板涂抹均匀、平整。

6. 将生坯放入预热好的烤箱里，上下火均调为160℃，烤20分钟至熟，取出。

7. 把蛋糕倒扣在案台烘焙纸上，撕去其底部的烘焙纸。

8. 将蛋糕边缘切平整，再切成长方块，最后改切成方块装盘。

看视频学烘焙

「哈密瓜蛋糕」

烤制时间：20 分钟

材料 Material

哈密瓜色香油适量
香橙果浆----- 适量
细砂糖------125 克
蛋白------------3 个
塔塔粉---------2 克
蛋黄------------3 个
食用油---- 30 毫升
低筋面粉---- 60 克
玉米淀粉---- 50 克
泡打粉---------2 克
清水------- 30 毫升

工具 Tool

搅拌器，电动搅拌器，长柄刮板，玻璃碗，烘焙纸，白纸，蛋糕刀，擀面杖，烤箱

做法 Make

1. 在玻璃碗中倒入清水、30 克细砂糖、食用油、低筋面粉。

2. 再将玉米淀粉、蛋黄、泡打粉倒入玻璃碗中，用搅拌器拌匀成蛋黄糊。

3. 将蛋白倒入另一个玻璃碗中，用电动搅拌器打发。

4. 加入 95 克细砂糖，快速打发，放入塔塔粉，打发至其呈鸡尾状成蛋白糊。

5. 将一半蛋白糊倒入蛋黄糊中，搅拌均匀，再倒回剩余的蛋白糊中，搅拌匀。

6. 加入适量哈密瓜色香油，用长柄刮板拌匀，制成哈密瓜蛋糕浆。

7. 把蛋糕浆倒入铺有烘焙纸的烤盘中，抹匀。

8. 将烤盘放入预热好的烤箱中，以上火 180℃、下火 160℃烤 20 分钟至熟。

9. 取出蛋糕，倒扣在白纸上，撕掉粘在蛋糕上的烘焙纸。

10. 再将蛋糕翻过来，均匀地抹上适量香橙果浆。

11. 用擀面杖将白纸卷起，把蛋糕卷成圆筒状，静置一会儿。

12. 打开白纸，切去蛋糕两边不平整的部分，再切成四等份，装入盘中即可。

「草莓慕斯蛋糕」

冷藏时间：120 分钟

材料 Material

牛奶------150 毫升
蛋黄---------- 30 克
吉利丁片------1 片
细砂糖------- 30 克
打发动物性鲜奶油-250 克
原味戚风蛋糕 1 个
草莓----------- 适量

工具 Tool

小刀，勺子，奶锅，方形压模，慕斯模，火枪，冰箱

做法 Make

1. 将吉利丁片泡清水 4 分钟至软捞出，备用。
2. 草莓洗净用小刀对半切开备用。
3. 牛奶用奶锅煮开，加入细砂糖，用勺子拌匀，加入吉利丁片拌熔化之后放凉。
4. 加入蛋黄拌匀，再加入打发动物性鲜奶油拌匀成慕斯料。
5. 将戚风蛋糕平切成薄片，用方形压模压出蛋糕片，取一块蛋糕片放入慕斯模中，将切好的草莓切面贴着慕斯模放好，倒入慕斯料，放上另一块蛋糕片，放冰箱冷藏 2 小时。
6. 用火枪喷射模具的周围 30 秒，即可脱模，放上草莓装饰。

「提子慕斯蛋糕」

冷藏时间：120 分钟

材料 Material

吉利丁片------2 片
牛奶------250 毫升
打发鲜奶油 250 克
朗姆酒------5 毫升
黑巧克力液-10 毫升
细砂糖------- 25 克
提子----------- 适量
巧克力片----- 适量
原味戚风蛋糕 1 个

工具 Tool

蛋糕刀，心形模具，三角铁板，裱花袋，奶锅，保鲜膜，玻璃碗，冰箱

做法 Make

1. 用蛋糕刀将戚风蛋糕切片，用心形模具压出形状，待用。将模具放在保鲜膜上，包好边缘，放入盘中，蛋糕入模具，沿着边缘摆上提子。

2. 牛奶、细砂糖、泡软的吉利丁片入锅加热拌匀，倒入装有打发鲜奶油、朗姆酒的碗中拌匀，制成慕斯酱。

3. 将一半慕斯酱倒入心形模具中，用三角铁板抹匀，放上另一块蛋糕，再倒慕斯酱，抹平，放入冰箱冷藏 2 小时后取出脱模。用裱花袋将黑巧克力液淋在蛋糕上，摆上巧克力片即可。

看视频学烘焙

「狮皮香芋蛋糕」

烤制时间：25 分钟

材料 Material

蛋白---------100 克
细砂糖------- 82 克
塔塔粉---------2 克
蛋黄---------130 克
食用油---- 36 毫升
纯牛奶---- 36 毫升
低筋面粉---- 66 克
香芋色香油 2 毫升
泡打粉---------1 克
鸡蛋------------1 个
香橙果酱----- 适量

工具 Tool

搅拌器，电动搅拌器，长柄刮板，玻璃碗，烘焙纸，白纸，蛋糕刀，烤箱

做法 Make

1. 将 6 克细砂糖倒入玻璃碗中，加入纯牛奶、食用油，用搅拌器搅拌匀。
2. 倒入 46 克低筋面粉、泡打粉，搅拌成糊状，加入 50 克蛋黄，充分搅匀成蛋黄糊。
3. 将 56 克细砂糖倒入另一个玻璃碗中，加入蛋白，用电动搅拌器快速搅拌均匀，加入塔塔粉，快速打发至呈鸡尾状成蛋白糊。
4. 将部分打发好的蛋白糊放入打发好的蛋黄糊中，用长柄刮板搅拌均匀。
5. 加入香芋色香油，搅拌匀，再加入余下的蛋白糊拌匀，制成蛋糕浆。
6. 将蛋糕浆倒入铺有烘焙纸的烤盘中，抹匀，放入预热好的烤箱，以上、下火均为 170℃烤约 15 分钟至熟。
7. 取出烤好的蛋糕，倒扣在白纸上，撕去底部烘焙纸，将蛋糕翻面，抹上适量香橙果酱，卷成卷。
8. 将 80 克蛋黄倒入玻璃碗中，加入 20 克细砂糖、鸡蛋，用电动搅拌器搅匀。
9. 加入 20 克低筋面粉，搅拌成面浆，倒入铺有烘焙纸的烤盘里，抹匀，制成狮皮生坯。
10. 将生坯放入预热好的烤箱，以上、下火均为 140℃烤约 10 分钟至熟。
11. 把烤好的狮皮倒扣在白纸上，撕去底部的烘焙纸，抹上适量香橙果酱，把香芋蛋糕卷放在狮皮中间，包裹好，卷成卷。
12. 用蛋糕刀将蛋糕两端切齐整，再分切成段，装盘即可。

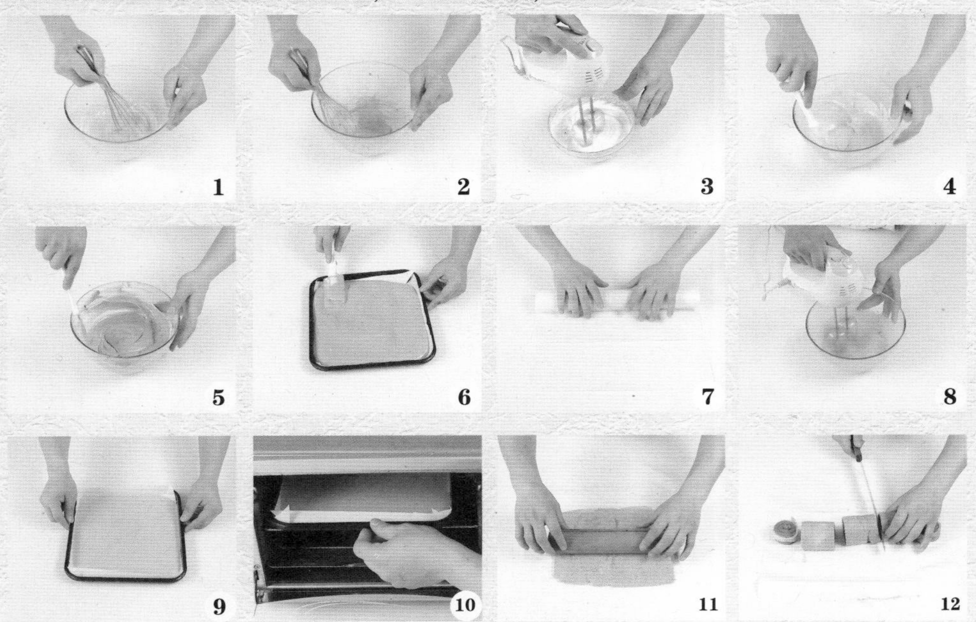

「鸳鸯蛋糕卷」

烤制时间：25 分钟

材料 Material

水---------100 毫升
色拉油---- 75 毫升
低筋面粉---- 80 克
粟粉---------- 30 克
奶香粉---------3 克
泡打粉---------1 克
蛋黄---------120 克
可可粉-------- 适量
蛋白---------150 克
细砂糖------100 克
塔塔粉---------2 克
柠檬果膏----- 适量

工具 Tool

搅拌器，电动搅拌器，烘焙纸，长柄刮板，抹刀，烤箱

做法 Make

1. 水、色拉油混合用搅拌器拌匀，加入低筋面粉、粟粉、奶香粉、泡打粉拌至无粉粒，加入蛋黄拌成光亮的面糊。

2. 取一半面糊加入可可粉拌匀，备用。

3. 把蛋白、塔塔粉、细砂糖倒在一起，用电动搅拌器先慢后快，打发至鸡尾状，平均分成相等的两份，分次加入两份面糊中完全拌匀。

4. 分别将两份面糊倒入垫有烘焙纸的烤盘内，用长柄刮板抹匀后放入预热好的烤箱内，以上、下火 170℃的温度烤约 25 分钟，完全熟透后出炉冷却。

5. 取蛋糕，撕去粘在糕体上的烘焙纸，在原色蛋糕上抹上柠檬果膏，叠上调色的糕体，用抹刀抹上果膏。

6. 将蛋糕卷成卷，静置 30 分钟以上，分切成小件即可。

「斑马蛋糕卷」

烤制时间：30 分钟

材料 Material

清水------100 毫升
色拉油---- 85 毫升
低筋面粉---162 克
玉米淀粉---- 25 克
奶香粉---------2 克
蛋黄---------125 克
蛋白---------325 克
细砂糖------188 克
塔塔粉---------4 克
食盐------------2 克
可可粉-------- 适量
柠檬果膏----- 适量

工具 Tool

搅拌器，电动搅拌器，长柄刮板，裱花袋，烘焙纸，蛋糕刀，烤箱

做法 Make

1. 把清水、色拉油倒在一起拌匀，加入低筋面粉、玉米淀粉、奶香粉用搅拌器拌匀至无粉粒，加入蛋黄拌匀成光亮的面糊，备用。

2. 把蛋白、细砂糖、塔塔粉、食盐倒在一起，用电动搅拌器打发至鸡尾状，分次加入步骤 1 中完全拌匀。

3. 取少量面糊，加入可可粉拌匀后装入裱花袋，在垫有烘焙纸的烤盘内挤成条状，再倒入原色面糊，入烤箱以上、下火 170℃烤 30 分钟至熟。

4. 取烤好的蛋糕在表面抹上柠檬果膏，卷成卷，静置片刻，用蛋糕刀分切成小件即可。

看视频学烘焙

「香芋蛋卷」

烤制时间：20 分钟

材料 Material

香芋色香油-- 适量
香橙果浆----- 适量
细砂糖------125 克
蛋白------------3 个
塔塔粉---------2 克
蛋黄------------3 个
食用油---- 30 毫升
低筋面粉---- 60 克
玉米淀粉---- 50 克
泡打粉---------2 克
清水------- 30 毫升

工具 Tool

搅拌器，电动搅拌器，长柄刮板，玻璃碗，烘焙纸，白纸，抹刀，蛋糕刀，擀面杖，烤箱

做法 Make

1. 在玻璃碗中倒入清水、30 克细砂糖、食用油、低筋面粉。

2. 再将玉米淀粉、蛋黄、泡打粉倒入玻璃碗中，用搅拌器拌匀，成蛋黄糊。

3. 将蛋白倒入另一个玻璃碗，用电动搅拌器打发，加入 95 克细砂糖，快速打发。

4. 放入塔塔粉，打发至其呈鸡尾状，成蛋白糊。

5. 将一半蛋白糊倒入蛋黄糊中，搅拌均匀后，再倒回剩余的蛋白糊中，搅拌匀。

6. 加入适量香芋色香油，用长柄刮板拌匀，制成香芋蛋糕浆。

7. 将蛋糕浆倒入铺有烘焙纸的烤盘中， 抹匀，震平。

8. 将烤盘放入预热好的烤箱中，上火 180℃、下火 160℃，烤 20 分钟至熟。

9. 取出烤好的蛋糕，倒放在白纸上，撕掉粘在蛋糕上的烘焙纸。

10. 再将蛋糕翻过来，用抹刀均匀地抹上适量香橙果浆。

11. 用擀面杖将白纸卷起，把蛋糕卷成圆筒状，静置一会儿。

12. 打开白纸，切去蛋糕两边不平整的部分，再切成四等份，装入盘中即可。

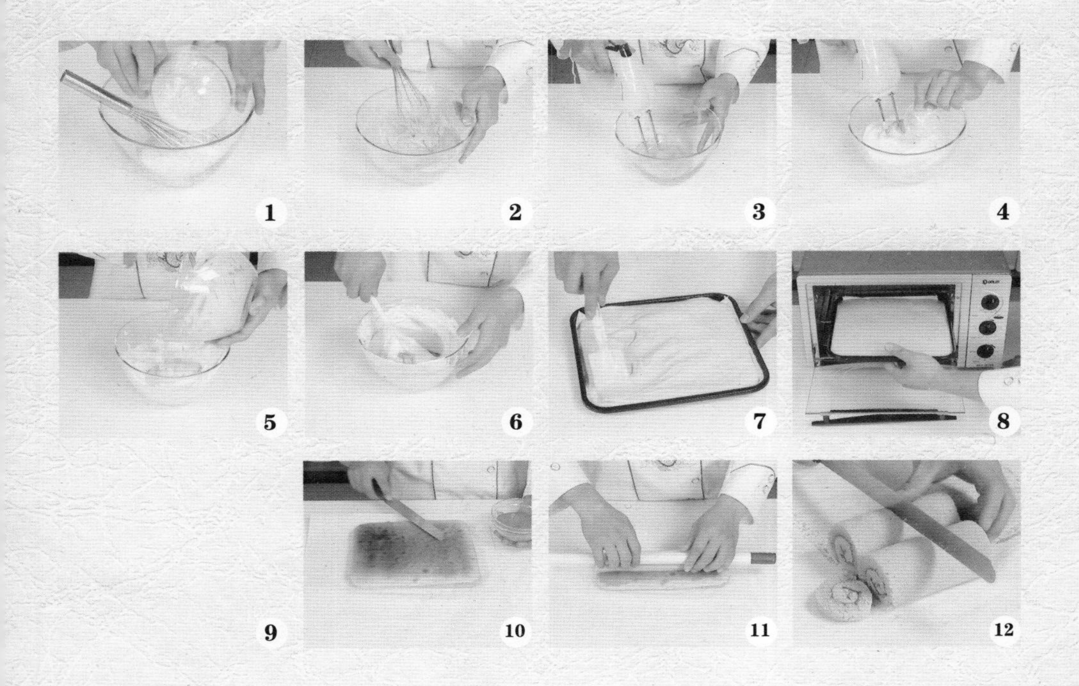

「焦糖布丁蛋糕」

烤制时间：45 分钟

材料 Material

焦糖:

水---------254 毫升

砂糖---------144 克

果冻粉---------9 克

布丁:

鲜奶------150 毫升

水---------150 毫升

砂糖---------110 克

全蛋---------300 克

蛋糕体:

水---------- 60 毫升

液态酥油120 毫升

鲜奶------- 90 毫升

低筋面粉---125 克

玉米淀粉---- 18 克

蛋黄---------- 90 克

蛋清---------170 克

砂糖---------- 90 克

塔塔粉---------3 克

食盐-----------2 克

工具 Tool

搅拌器，不锈钢盆，电动搅拌器，长柄刮板，蛋糕模具，烤箱，筛网，电磁炉，刷子

做法 Make

1.将14毫升清水与70克的砂糖混合拌匀，边搅拌边加热到120℃至金黄色。

2. 再加入240毫升清水、74克砂糖和9克果冻粉，边搅边用小火加热至沸腾，离火。

3. 过滤，倒入底部刷有黄油的模具内。

4. 把布丁部分的鲜奶、清水、砂糖倒在一起，隔热水搅拌均匀至糖溶，加入全蛋搅拌均匀。

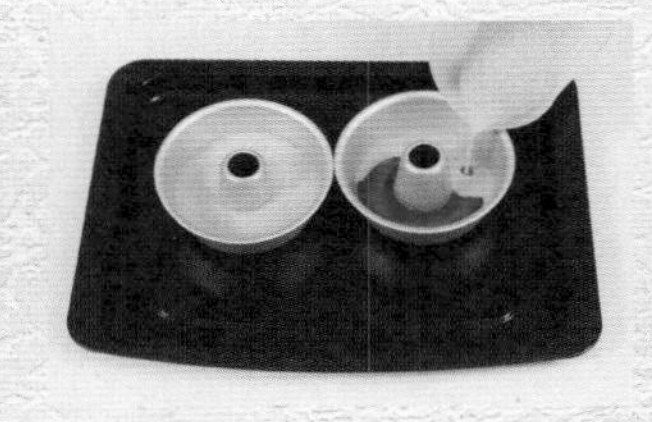

5. 过滤，倒入完全冷却凝固的步骤3中。

6. 把清水、液态酥油、鲜奶拌匀，加入低筋面粉、玉米淀粉，拌至无粉粒，加入蛋黄拌至光亮。

7. 把蛋清、砂糖、塔塔粉、食盐拌匀，先慢后快，打发至鸡尾状。

8. 将步骤7加入步骤6中拌匀，倒入步骤5中，装九分满，烤盘内加约150毫升的清水。

9. 放入预热好的烤箱中以上下火170℃的温度约烤45分钟，至熟透出炉，冷却后脱模即可。

看视频学烘焙

「法式果仁蛋糕」

烤制时间：45 分钟

材料 Material

高筋面粉---500 克
黄油---------- 70 克
奶粉---------- 20 克
细砂糖------310 克
盐--------------- 5 克
鸡蛋------------ 7 个
水---------200 毫升
酵母------------ 8 克
低筋面粉---275 克
吉士粉------- 20 克
食用油---175 毫升
瓜子仁-------- 适量
蛋黄------------ 3 个
牛奶------250 毫升

工具 Tool

玻璃碗，锅，搅拌器，刮板，长柄刮板，裱花袋，方形模具，剪刀，电动搅拌器，烤箱，烘焙纸

做法 Make

1. 将 100 克细砂糖倒入玻璃碗中，加入 200 毫升水，用搅拌器搅拌至细砂糖溶化。

2. 将500克高筋面粉、8克酵母、20克奶粉、5克盐倒在案台上，混合均匀，刮板开窝。

3. 倒入备好的糖水，刮入混合好的高筋面粉，揉搓成面团。

4. 加入 1 个鸡蛋，揉搓均匀，放入 70 克黄油，揉搓成光滑的面团，备用。

5. 将 250 毫升牛奶倒入锅中，用小火煮开，倒入 60 克细砂糖、3 个蛋黄、25 克低筋面粉，快速搅拌匀，煮至面糊状，制成卡士达酱。

6. 将面团均匀地揪成小剂子装入干净的玻璃碗中，待用。

7. 把 6 个鸡蛋、150 克细砂糖倒入另一个玻璃碗中，用电动搅拌器搅拌匀。

8. 加入20克吉士粉、250克低筋面粉，搅成糊，倒入小剂子，用电动搅拌器搅拌均匀。

9. 倒入175毫升食用油，用长柄刮板搅拌均匀，加入适量瓜子仁，拌匀，制成蛋糕浆，待用。

10. 将蛋糕浆倒入铺有烘焙纸的方形模具中，装约六分满。

11. 将卡士达酱装入裱花袋中，剪开小口，均匀地挤在蛋糕浆上。

12. 将烤盘放入预热好的烤箱，以上火 190 ℃、下火 200℃烤 45 分钟至熟即可。

「年轮蛋糕」

烤制时间： 25 分钟

材料 Material

清水------110 毫升
液态酥油- 75 毫升
低筋面粉---- 80 克
吉士粉------- 30 克
奶香粉---------7 克
泡打粉---------2 克
蛋黄---------120 克
蛋清---------150 克
砂糖---------100 克
塔塔粉---------2 克
食盐------------1 克
柠檬果膏----- 适量

工具 Tool

搅拌器，电动搅拌器，烘焙纸，抹刀，烤箱

做法 Make

1. 清水、液态酥油混合拌匀，加入低筋面粉、吉士粉、奶香粉、泡打粉、蛋黄用搅拌器拌匀，备用。

2. 把蛋清、塔塔粉、砂糖、食盐倒在一起，用电动搅拌器先慢后快，打发至鸡尾状。

3. 把步骤 2 分次加入步骤 1 中完全拌匀，制成蛋糕浆。

4. 将蛋糕浆倒入铺有烘焙纸的烤盘内，抹至厚薄均匀，放入预热好的烤箱中，以上、下火 180℃的温度烘烤约 25 分钟，熟透后出炉。

5. 把凉透的糕体倒翻在铺有烘焙纸的案台上，取走粘在糕体上的烘焙纸，抹上柠檬果膏。

6. 将蛋糕卷成卷，静置 30 分钟以上，分切成小件即可。

「翡翠蛋糕」

烤制时间：30 分钟

材料 Material

全蛋---------250 克
砂糖---------150 克
中筋面粉---150 克
泡打粉---------2 克
蛋糕油------- 12 克
清水------- 30 毫升
色拉油---- 80 毫升
哈密瓜色香油少许

工具 Tool

电动搅拌器，蛋糕模具，烤箱，刷子

做法 Make

1. 把全蛋、砂糖倒在一起，用电动搅拌器中速打发至砂糖完全溶化，呈泡沫状。

2. 加入中筋面粉、泡打粉、蛋糕油打至原体积的 2.5 倍，再分次加入清水、色拉油搅拌成光亮的面糊。

3. 把哈密瓜色香油加少许的水把颜色调浅，再加入少许至面糊中拌匀。

4. 将面糊倒入刷了黄油的模具内至八分满，放入烤盘中。

5. 烤盘内加 100 毫升的清水，放入预热好的烤箱中，以上、下火 150℃烘烤。

6. 烤约 30 分钟，出炉脱模即可。

看视频学烘焙

「栗子蛋糕」

烤制时间：20 分钟

材料 Material

蛋白---------140 克
细砂糖------140 克
塔塔粉------- 30 克
蛋黄---------- 70 克
低筋面粉---- 70 克
玉米淀粉---- 55 克
纯净水---- 30 毫升
食用油---- 30 毫升
泡打粉---------2 克
栗子馅-------- 适量
香橙果酱----- 适量

工具 Tool

刮板，长柄刮板，搅拌器，电动搅拌器，剪刀，蛋糕刀，裱花袋，烘培纸，白纸，烤箱，玻璃碗，抹刀，擀面杖

做法 Make

1. 将蛋黄、30 克细砂糖倒入玻璃碗中，用搅拌器拌匀。

2. 加入低筋面粉、玉米淀粉、泡打粉，搅拌均匀。

3. 加入纯净水、食用油，搅拌均匀后待用。

4. 另备玻璃碗，倒入蛋白、110 克细砂糖、塔塔粉，用电动搅拌器打发至鸡尾状。

5. 用刮板将食材刮入前面的玻璃碗中，搅拌均匀。

6. 将拌好的材料放入铺有烘焙纸的烤盘里，约至八分满，用长柄刮板抹平。

7. 将烤盘放入烤箱，以上火 180℃、下火 160℃，烤约 20 分钟至熟。

8. 用刮板将蛋糕边缘刮松，倒扣在白纸上，撕下上层的烘焙纸。

9. 把蛋糕翻面摆好，用抹刀将适量香橙果酱均匀抹在蛋糕上。

10. 用一根擀面杖放到白纸下方，慢慢卷起，同时把蛋糕制成筒状，静置几分钟，使之固定成形。

11. 把栗子馅放进裱花袋，挤压匀。蛋糕成形后，切去两端。

12. 用剪刀将裱花袋尖端剪出一个约 1 厘米的小口，将栗子馅挤在蛋糕上，之后切成小件即可。

「南瓜芝士蛋糕」

烤制时间：15 分钟

看视频学烘焙

材料 Material

饼干---------- 60 克
黄油---------- 35 克
芝士---------250 克
细砂糖------- 50 克
南瓜泥------125 克
牛奶------- 30 毫升
鸡蛋------------ 2 个
玉米淀粉---- 30 克

工具 Tool

擀面杖，玻璃碗，搅拌器，锅，圆形模具，勺子，烤箱

做法 Make

1. 把饼干装入玻璃碗中，用擀面杖将其捣碎。

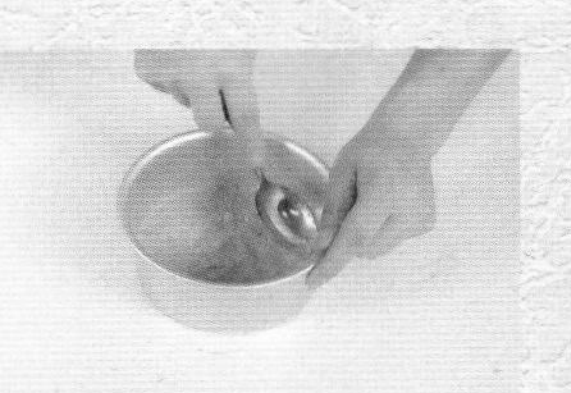

2. 加入黄油，搅拌均匀，把黄油饼干糊装入圆形模具内，用勺子压实、压平成蛋糕底。

3. 把牛奶倒入锅中，加入细砂糖，用搅拌器搅拌均匀。

4. 加入芝士搅匀，用小火煮至熔化，倒入南瓜泥，搅拌匀。

5. 加入鸡蛋，关火，搅匀，倒入玉米淀粉，搅拌匀，制成蛋糕糊。

6. 把蛋糕糊倒在模具内饼干糊上，制成蛋糕生坯。

7. 将生坯放入预热好的烤箱中，以上、下火160℃烘烤15分钟至熟。

8. 取出烤好的蛋糕脱模即可。

看视频学烘焙

「可可戚风蛋糕」

烤制时间：20 分钟

材料 Material

可可粉------- 15 克
打发的鲜奶油---- 40 克
细砂糖------125 克
蛋白------------3 个
塔塔粉---------2 克
蛋黄------------3 个
食用油---- 30 毫升
低筋面粉---- 60 克
玉米淀粉---- 50 克
泡打粉---------2 克
清水------- 30 毫升

工具 Tool

电动搅拌器，搅拌器，三角铁板，擀面杖，蛋糕刀，烤箱，烘焙纸，白纸，长柄刮板，玻璃碗

做法 Make

1. 将 30 毫升清水、30 克细砂糖、60 克低筋面粉、50 克玉米淀粉倒入玻璃碗中搅拌均匀。

2. 倒入 30 毫升食用油, 用搅拌器搅拌均匀, 加入 2 克泡打粉、1 5 克可可粉, 搅拌匀, 再加入蛋黄，搅拌成糊状。

3. 将蛋白倒入另一个玻璃碗中，用电动搅拌器快速打至发白状态。

4. 放入 95 克细砂糖，搅拌均匀，加入 2 克塔塔粉，搅拌匀。

5. 用长柄刮板将一半的蛋白倒入拌好的蛋黄中，并且拌匀，再倒回剩余的蛋白中，拌匀。

6. 把混合好的材料倒入铺有烘焙纸的烤盘中，抹匀，震平。

7. 将烤盘放入烤箱，将烤箱温度调成上火 180℃、下火 160℃，烤 20 分钟，至熟透。

8. 取出烤好的蛋糕 , 将其翻转，倒在白纸上。

9. 去除蛋糕上的烘焙纸，用三角铁板均匀抹上打发的鲜奶油。

10. 用擀面杖将白纸卷起，把蛋糕卷成圆筒状。

11. 切除蛋糕两边不平整的部位，再切成四等份，装盘即可。

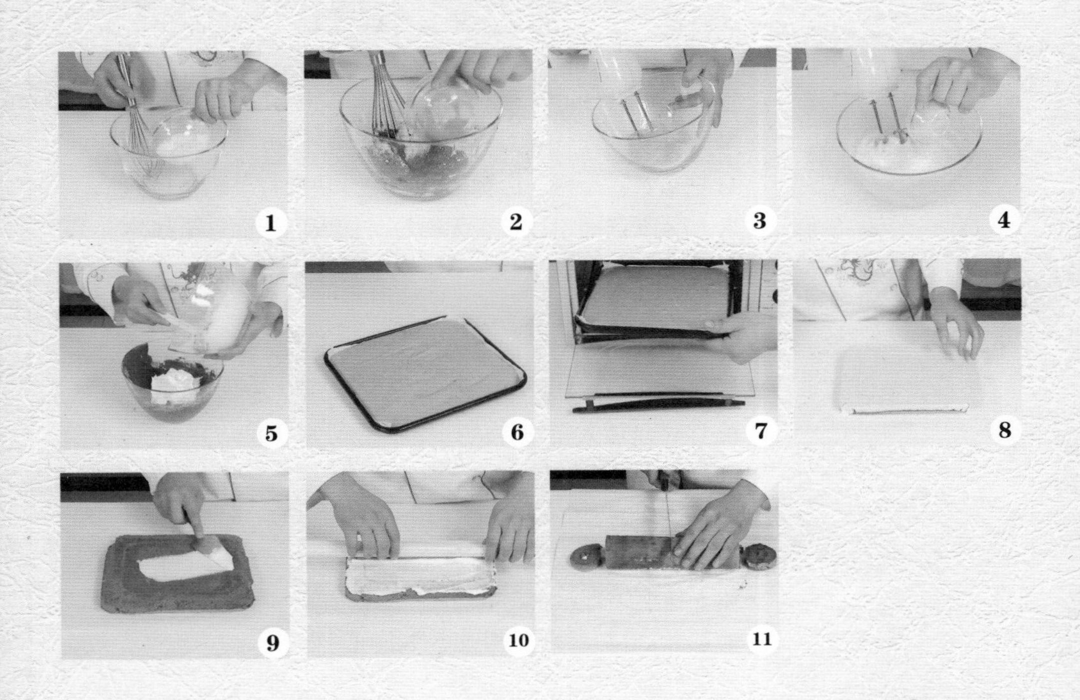

「黄金皮蛋糕」

烤制时间：30 分钟

材料 Material

蛋黄---------- 83 克
全蛋---------- 16 克
砂糖---------- 13 克
低筋面粉---- 16 克
色拉油---- 10 毫升
香芋色香油-- 适量
柠檬果膏----- 适量
蛋糕体--------- 1 个

工具 Tool

电动搅拌器，长柄刮板，烘焙纸，裱花袋，竹签，抹刀，烤箱，擀面杖，白纸

做法 Make

1. 把蛋黄、全蛋、砂糖倒在一起，快速打至奶白色。
2. 加入低筋面粉搅拌至无粉粒，加入色拉油完全拌匀。
3. 取少量拌好的面糊加入少许香芋色香油，搅拌均匀，装入裱花袋备用。
4. 把原色面糊倒入铺了烘焙纸的烤盘中，抹至厚薄均匀。
5. 表面挤上调了色的面糊，用竹签划出花纹，制成表皮生坯。
6. 将烤盘放入预热好的烤箱中，以上、下火 180℃温度烤约 8 分钟至金黄色，完全熟透后出炉。
7. 把冷却的表皮放到铺有白纸的案台上，取走粘在上面的纸。
8. 在表面抹上果膏，再放上和表皮一样大的蛋糕体，在糕体上抹上果膏后卷起。
9. 静置 30 分钟后分切成小件即可。

「花纹皮蛋糕」

烤制时间：30 分钟

材料 Material

清水------100 毫升
色拉油---- 85 毫升
低筋面粉---162 克
玉米淀粉---- 25 克
奶香粉---------2 克
泡打粉---------2 克
蛋黄---------125 克
蛋清---------325 克
砂糖---------188 克
塔塔粉---------4 克
食盐-----------2 克
柠檬果膏----- 适量

工具 Tool

搅拌器，电动搅拌器，烘焙纸，抹刀，竹签，烤箱，擀面杖

做法 Make

1. 把清水、色拉油倒在一起拌匀。
2. 加入低筋面粉、玉米淀粉、奶香粉、泡打粉，拌至无粉粒。
3. 加入 110 克蛋黄拌成光亮的面糊，备用。
4. 把蛋清、塔塔粉、砂糖、食盐倒在一起，先慢后快打发至鸡尾状。
5. 把步骤 4 分次加入步骤 3 中完全拌匀，再倒入铺了烘焙纸的烤盘内，抹至厚薄均匀。
6. 在表面挤上剩余蛋黄液，用竹签划出花纹。
7. 将烤盘放入预热好的烤箱中，以上、下火 170℃的温度烘烤约 30 分钟，完全熟透后出炉冷却。
8. 把凉透的糕体放到倒扣在烘焙纸上，取走粘在糕体上的纸，抹上柠檬果膏卷成卷，静置 30 分钟之后分切成小件。

看视频学烘焙

「巧克力毛巾卷」

烤制时间： 20 分钟

材料 Material

蛋黄---------- 75 克
水---------- 95 毫升
食用油---- 80 毫升
低筋面粉---- 75 克
可可粉------- 10 克
淀粉---------- 15 克
吉士粉------- 10 克
蛋白---------170 克
细砂糖------- 60 克
塔塔粉---------4 克

工具 Tool

玻璃碗，搅拌器，电动搅拌器，长柄刮板，擀面杖，蛋糕刀，烘焙纸，白纸，烤箱

做法 Make

1. 将 25 毫升食用油、30 毫升水、25 克低筋面粉、10 克可可粉、5 克淀粉倒入玻璃碗中搅匀，加入 30 克蛋黄，用搅拌器拌匀。

2. 将 70 克蛋白倒入碗中，加入 30 克细砂糖、2 克塔塔粉，打发至呈鸡尾状。

3. 将蛋白部分倒入蛋黄部分中，用长柄刮板拌匀，制成可可蛋糕浆，倒入铺有烘焙纸的烤盘里，用长柄刮板抹匀。

4. 将烤盘放入预热好的烤箱，以上、下火均为 160°C烘烤约 10 分钟至熟。

5.10 克淀粉、10 克吉士粉、50 克低筋面粉、55 毫升食用油、65 毫升水倒入碗中搅拌均匀，加入 45 克蛋黄，搅拌均匀，制成蛋黄面浆。

6. 将 100 克蛋白倒入玻璃碗中，加入 30 克细砂糖、2 克塔塔粉，打发至鸡尾状。

7. 把打发好的蛋白放入蛋黄面浆里，用长柄刮板搅成蛋糕浆。

8. 取出烤好的可可粉蛋糕，并倒上蛋糕浆，用长柄刮板抹匀，再放入预热好的烤箱，以上、下火均为 160°C烤约 10 分钟至熟。

9. 取出烤好的蛋糕，倒扣在白纸上，撕去粘在蛋糕上的烘焙纸。

10. 把蛋糕翻面，用擀面杖将白纸卷起，将蛋糕卷成卷。

11. 摊开白纸，用蛋糕刀将蛋糕卷两端切齐整，再切成段即可。

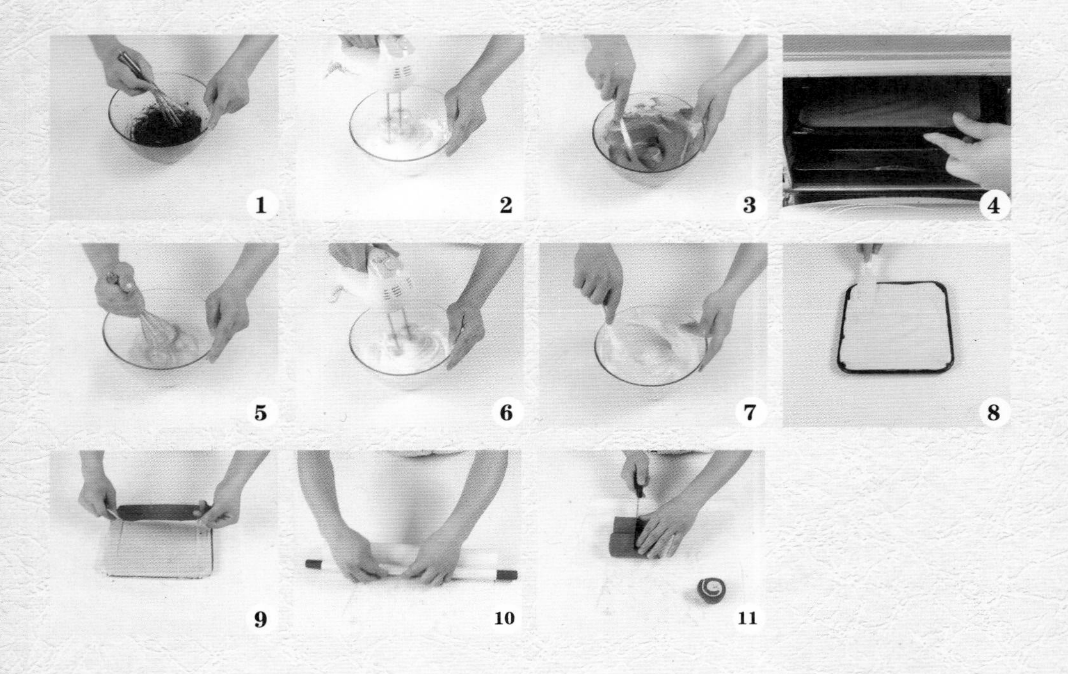

Part 5

香滑可爱的精致小西点

绵密细滑的布丁，滑过舌尖，那点甜留在了你的心间；精致香甜的松饼，色泽鲜艳，让人难以忘记；热气腾腾的蛋挞，香气扑鼻，烫化心底的柔软。本章将详细介绍各式小西点的具体烘焙方法，从易到难，动手的时候更要动脑筋，心与手的磨炼，会让你成为一个心灵手巧的人。

「奶油松饼」

烤制时间： 2分钟

看视频学烘焙

材料 Material

牛奶------200毫升
低筋面粉---180克
蛋清------------3个
蛋黄------------3个
熔化的黄奶油----30克
细砂糖-------75克
泡打粉---------5克
盐---------------2克
黄奶油--------适量
打发的鲜奶油----10克

工具 Tool

电动搅拌器，搅拌器，华夫炉，蛋糕刀，玻璃碗，白纸

做法 Make

1. 将细砂糖、牛奶倒入碗中，拌匀。

2. 加入低筋面粉、蛋黄、泡打粉、盐、黄奶油，搅拌均匀，至其呈糊状。

3. 将蛋清倒入另一个碗中，搅拌打发。

4. 把打发好的蛋清倒入面糊中，搅拌匀。

5. 将华夫炉的温度调成200℃，预热，在炉子内涂上黄奶油，至其熔化。

6. 将拌好的材料倒入炉具中，至其起泡，盖上盖，烤 2 分钟至熟。

7. 取出烤好的松饼，放在白纸上，切成四等份。

8. 在一块松饼上抹适量鲜奶油再盖上另一松饼，依此做完余下的松饼，中间切开装盘即可。

「脆皮蛋挞」

烤制时间： 10 分钟

材料 Material

低筋面粉---220 克
高筋面粉---- 40 克
黄奶油------- 40 克
蛋黄---------- 40 克
细砂糖---------5 克
水---------125 毫升
牛奶------125 毫升
片状酥油---180 克
细砂糖-------- 适量
盐------------- 适量

工具 Tool

擀面杖，筛网，烘焙纸，圆形模具，蛋挞模，搅拌器，烤箱，冰箱，刮板

做法 Make

1. 将低筋面粉、高筋面粉倒在操作台上，用刮板开窝，加入 5 克细砂糖、盐、125 毫升水、黄奶油，揉成团，静置 10 分钟。

2. 烘焙纸上放片状酥油，包好，用擀面杖擀平。将面团擀成片状酥油的 2 倍大。

3. 片状酥油入面皮，擀薄，对折四次后冷藏 10 分钟，重复操作三次，再擀薄，用圆形模具压出面皮，放入蛋挞模。

4.125 毫升牛奶、50 克细砂糖、蛋黄用搅拌器拌匀，过筛两遍后倒入蛋挞模。

5. 将蛋挞模放在烤盘上，放入预热好的烤箱中，以上、下火 200℃的温度烤 10 分钟取出脱模即可。

「脆皮葡挞」

烤制时间：10 分钟

材料 Material

低筋面粉---220 克
高筋面粉---- 40 克
黄奶油------- 40 克
蛋黄---------- 40 克
细砂糖-------- 适量
水---------125 毫升
牛奶------125 毫升
片状酥油---180 克

工具 Tool

擀面杖，筛网，搅拌器，烘焙纸，圆形模具，蛋挞模，烤箱，冰箱，玻璃碗

做法 Make

1. 低筋面粉、高筋面粉倒入玻璃碗内，加入 5 克细砂糖、水、黄奶油，用搅拌器拌匀，并倒在操作台上，揉成光滑面团，静置 10 分钟。

2. 烘焙纸上放上片状酥油，包好，用擀面杖擀平。将面团擀成片状酥油的 2 倍大。

3. 将皮状酥油放在面皮上，擀薄，对折四次后冷藏 10 分钟，重复此操作三次，用圆形模具压出面皮，放入蛋挞模。

4. 牛奶、剩余的细砂糖、蛋黄用搅拌器搅拌均匀，过筛两遍后入蛋挞模，放入烤箱，以上、下火 200℃烤 10 分钟至熟取出。

「风车酥」

烤制时间：20 分钟

看视频学烘焙

材料 Material

低筋面粉---220 克
高筋面粉---- 30 克
黄奶油------- 40 克
细砂糖---------5 克
盐------------ 1.5 克
清水------125 毫升
片状酥油---180 克
蛋黄液-------- 适量
草莓酱-------- 适量

工具 Tool

擀面杖，刮板，量尺，小刀，刷子，小勺，烤箱，冰箱

做法 Make

1. 低筋面粉、高筋面粉倒在案台上开窝，倒入细砂糖、盐、清水拌匀。

2. 加入黄奶油揉搓均匀，揉成光滑的面团，静置10分钟。

3. 将片状酥油擀平，面团擀平后一端放片状酥油。

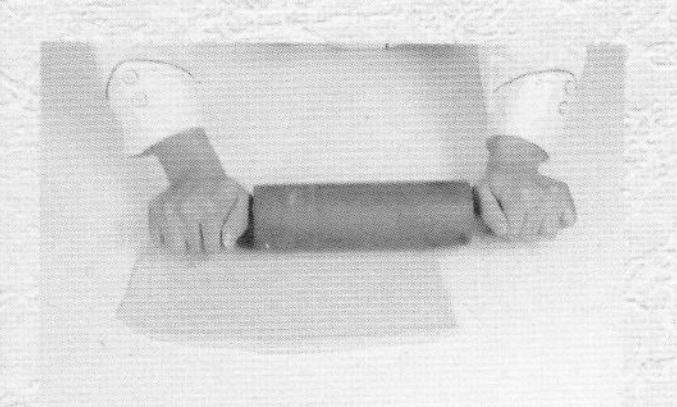

4. 盖上面皮，擀薄，对折四次，冷藏10分钟，重复上述操作三 次。

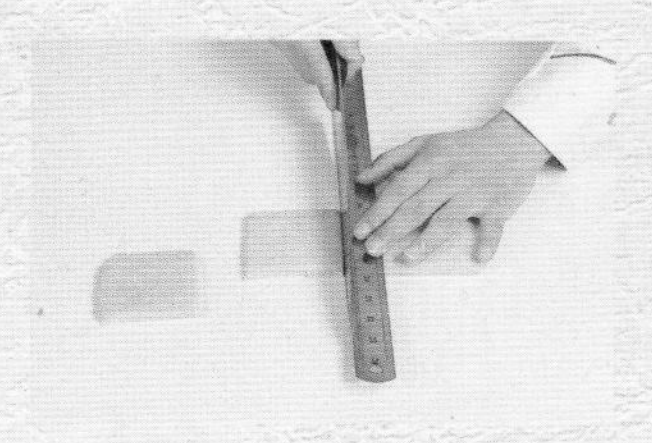

5. 把面皮擀薄，切开，再切成正方形。

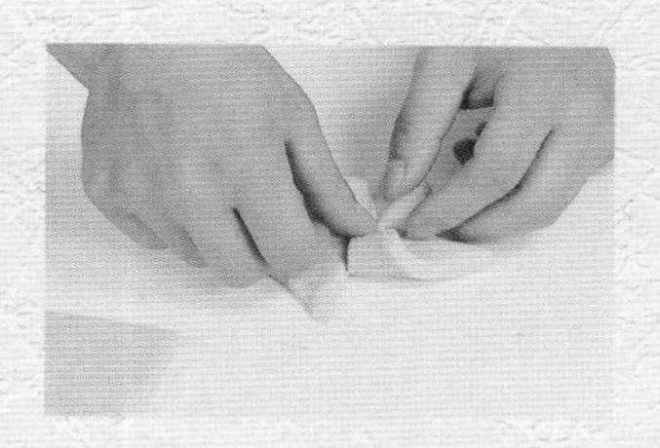

6. 在面皮四角各划一刀，取其中一边呈顺时针方向，往中间按压，呈风车形状。

7. 面皮表面刷上蛋黄液，在中间放上草莓酱，制成生坯。

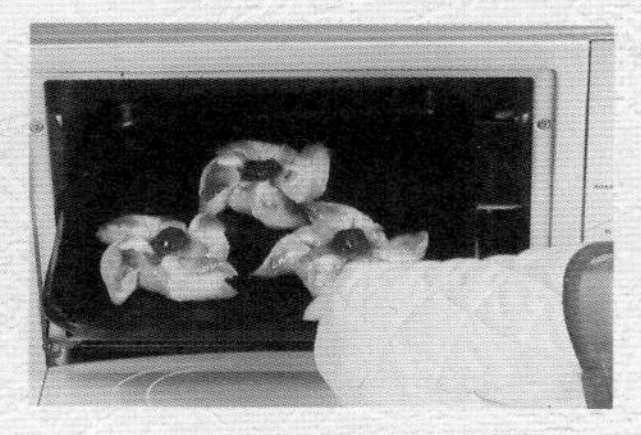

8. 将生坯放入烤箱， 以上下火200℃烤20分钟，取出，装入盘中即可。

「蓝莓牛奶布丁」

烤制时间：15 分钟

看视频学烘焙

材料 Material

牛奶------500 毫升
细砂糖------- 40 克
香草粉------- 10 克
蛋黄------------2 个
鸡蛋------------3 个
蓝莓---------- 20 克

工具 Tool

量杯，搅拌器，筛网，牛奶杯，烤箱，锅，玻璃碗

做法 Make

1. 锅置火上，倒入牛奶，用小火煮热。
2. 加细砂糖、香草粉，搅匀，放凉。
3. 鸡蛋、蛋黄倒入碗中，用搅拌器拌匀。
4. 把放凉的牛奶慢慢地倒入蛋液中，边倒边搅拌。
5. 将拌好的材料用筛网过筛两次。
6. 先倒入量杯中，再倒入牛奶杯，至八分满。
7. 将牛奶杯放入烤盘中，烤盘内倒入清水。
8. 将烤盘放入烤箱中，调成上火 160℃、下火 160℃，烤 15 分钟至熟。
9. 取出烤好的牛奶布丁，放凉，放入洗净的蓝莓装饰即可。

「酸奶乳酪派」

烤制时间：20 分钟

看视频学烘焙

材料 Material

派皮：

黄油---------175 克

白糖---------- 87 克

鸡蛋---------- 45 克

低筋面粉---225 克

玉米淀粉---- 50 克

泡打粉------ 2.5 克

馅料：

乳酪---------- 93 克

炼乳---------- 67 克

白糖------------ 5 克

鸡蛋---------- 55 克

低筋面粉---- 60 克

酸奶---------- 75 克

吉利丁-------- 适量

工具 Tool

刮板，派皮模具，搅拌器，小刀，叉子，烤箱，冰箱，玻璃碗

做法 Make

1. 低筋面粉和玉米淀粉倒在案台上混匀开窝，倒入白糖、泡打粉、鸡蛋，用刮板拌匀。

2. 放入黄油混匀，揉搓成面团。取适量面团压成面饼。

3. 放入模具中贴紧，用叉子扎上小孔。

4. 碗中加鸡蛋、白糖、炼乳、低筋面粉，用搅拌器搅匀，加入乳酪，搅匀。

5. 将馅料倒入派皮中，放在烤盘上。

6. 再放入烤箱中，以上、下火 170℃烤 20 分钟至熟，取出。

7. 把吉利丁放水中浸泡，泡软后取出。

8. 酸奶、吉利丁煮化，倒在烤好的乳酪派上，放冰箱冷冻，取出切小块即可。

「心形水果泡芙」

烤制时间： 20分钟

看视频学烘焙

材料 Material

牛奶------110毫升
水---------- 35毫升
黄奶油------- 35克
低筋面粉---- 75克
盐---------------3克
全蛋------------2个
忌廉馅料----- 适量
杂果粒------- 80克
草莓---------- 80克
糖粉----------- 适量

工具 Tool

电动搅拌器，裱花嘴，裱花袋，剪刀，蛋糕刀，烤箱，筛网，锅，玻璃碗，高温布

做法 Make

1. 将牛奶倒入锅中，加入水、黄奶油、盐，搅拌，煮至熔化，关火后加入低筋面粉，搅匀，搅成糊状。

2. 把面糊倒入玻璃碗中，用电动搅拌器快速搅拌，鸡蛋分两次加入，打发，搅成纯滑面浆。

3. 把面浆装入套有裱花嘴的裱花袋里，在尖端剪一个小口。

4. 将面浆挤在垫有高温布的烤盘上，挤成心形状生坯。

5. 烤箱以火 180℃、下火 200℃的温度预热 5 分钟，再打开烤箱门，放入生坯，烘烤 20 分钟至熟。

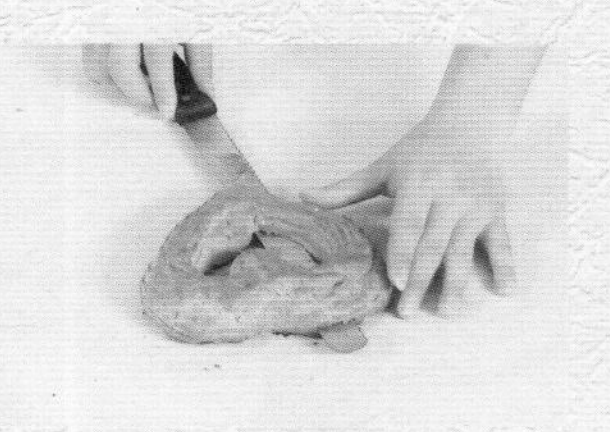

6. 带上隔热手套，打开烤箱门，取出烤好的泡芙体，用蛋糕刀横向将泡芙体切成两半。

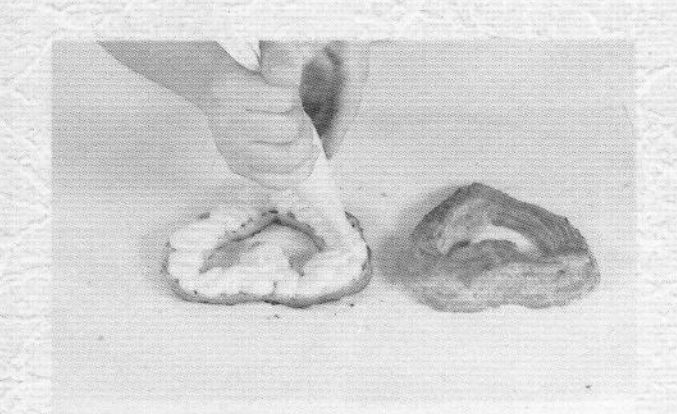

7. 把忌廉馅料装入裱花袋里，尖角处剪开一小口，将馅料挤在其中一片泡芙体的切面上。

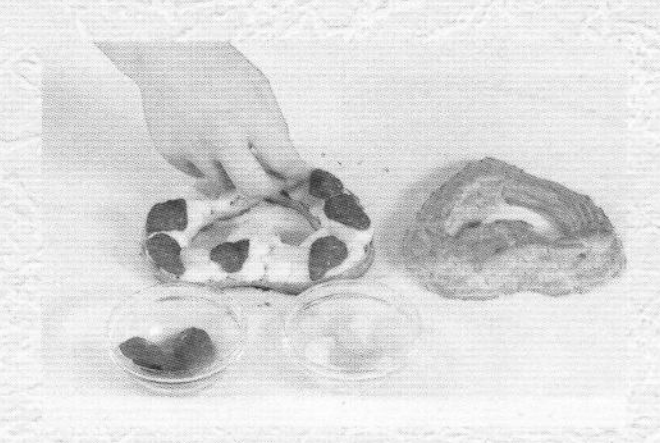

8. 放上草莓，再放上杂果粒，盖上另一块泡芙体，将糖粉过筛，撒在泡芙上即可。

看视频学烘焙

「蓝莓酥」

烤制时间：15 分钟

材料 Material

低筋面粉---220 克
高筋面粉---- 30 克
黄奶油------- 40 克
细砂糖--------- 5 克
盐------------ 1.5 克
清水------125 毫升
片状酥油---180 克
蛋黄液-------- 适量
蓝莓酱-------- 适量

工具 Tool

擀面杖，刮板，量尺，小刀，刷子，白纸，冰箱，烤箱

做法 Make

1. 低筋面粉、高筋面粉混合，开窝，加细砂糖、盐、清水，揉成面团，放上黄奶油，揉搓成光滑的面团，静置 10 分钟。

2. 在操作台上铺一张白纸，放入片状酥油，包好，将片状酥油擀平，把面团擀成片状酥油两倍大的面皮。

3. 将片状酥油放在面皮的一边，去除白纸，覆盖上另一边的面皮，折叠成长方块。

4. 在操作台上撒少许低筋面粉，将包裹着片状酥油的面皮擀薄，对折四次，放入铺有少许低筋面粉的盘中，置冰箱冷藏 10 分钟，将上述步骤重复操作三 次。

5. 在操作台上撒少许低筋面粉，放上冷藏过的面皮，用擀面杖将面皮擀薄。

6. 将量尺放在面皮边缘，用刀将面皮边缘切平整，再切出 4 小块面皮，长宽分别为 10 厘米、2.5 厘米。

7. 对折面皮，在其中两个角内侧各划一刀，打开之后，再对角折起，呈菱形状，放入烤盘，刷上蛋黄液，在面皮中间倒入蓝莓酱。

8. 将烤盘放入烤箱中，以上、下火 200°C烤 15 分钟即可。

「黄桃牛奶布丁」

烤制时间：15 分钟

看视频学烘焙

材料 Material

牛奶------500 毫升
细砂糖------- 40 克
香草粉------- 10 克
蛋黄------------2 个
鸡蛋------------3 个
黄桃粒------- 20 克

工具 Tool

量杯，搅拌器，筛网，牛奶杯，烤箱，锅，玻璃碗

做法 Make

1. 将锅置于火上，倒入牛奶，用小火煮热。

2. 加入细砂糖、香草粉，改大火，搅拌匀，关火后放凉。

3. 将鸡蛋、蛋黄倒入碗中，用搅拌器拌匀。

4. 把放凉的牛奶慢慢地倒入蛋液中，一边倒一边搅拌。

5. 将拌好的材料用筛网过筛两次。

6. 先倒入量杯中，再倒入牛奶杯，至八分满。将牛奶杯放入烤盘中，再往烤盘中倒入适量清水。

7. 将烤盘放入烤箱中，调成上火160℃、下火160℃，烤15分钟至熟。

8. 取出烤好的牛奶布丁，放凉，再放入黄桃粒装饰即可。

「巧克力果仁司康」

烤制时间： 20 分钟

看视频学烘焙

材料 Material

高筋面粉---- 90 克
糖粉---------- 30 克
全蛋------------1 个
低筋面粉---- 90 克
黄奶油------- 50 克
鲜奶油------- 50 克
泡打粉---------3 克
蛋黄------------1 个
巧克力液----- 适量
腰果碎------- 20 克

工具 Tool

烤箱，刮板，刷子，擀面杖，圆形模具，小圆形模具

做法 Make

1. 将高筋面粉、低筋面粉倒案台上混匀开窝，倒入黄奶油、糖粉、泡打粉、全蛋、鲜奶油，混合均匀，揉搓成面团。

2. 将面团擀成约 2 厘米厚的面皮，用较大的模具压出圆形面坯，再用较小的模具在面坯上压出环状压痕。

3. 将环形内的面皮撕开，把生坯放在案台上，静置至其中间成凹形。

4. 把生坯放入烤盘里，在生坯边缘刷上适量蛋黄，放入预热好的烤箱里。

5. 关上箱门，以上火 160 ℃、下火 160℃烤 20 分钟至熟。

6. 打开箱门，取出烤好的面饼，装入盘中，倒入适量巧克力液，再撒上腰果碎，待稍微放凉后即可食用。

「奶油泡芙」

烤制时间： 20 分钟

看视频学烘焙

派皮：

牛奶------110 毫升

水---------- 35 毫升

黄油---------- 55 克

低筋面粉---- 75 克

盐---------------3 克

鸡蛋---------- 40 克

植物奶油----- 适量

糖粉----------- 适量

工具 Tool

电动搅拌器，长柄刮板，裱花袋，筛网，剪刀，烤箱，奶锅，玻璃碗

做法 Make

1. 奶锅置火上，倒入牛奶、水，搅拌至其沸腾，加入黄油，拌至熔化。

2. 加入盐，拌匀，关火后倒入低筋面粉，搅拌均匀，制成面团。

3. 将搅拌好的面团倒入碗中，分次加入鸡蛋，用电动搅拌器打匀，装入裱花袋中，剪出一个小口。

4. 在烤盘上依次挤上面糊，放入烤箱内，以上火 190℃、下火 200℃，烤 20 分钟至其变得松软，取出。

5. 将植物奶油倒入另一碗中，用电动搅拌器打至呈凤尾状，装入裱花袋中，用剪刀在尖端剪出一个小口。

6. 用拇指在泡芙底部戳出一个小洞，挤入植物奶油，筛上糖粉即可。

「蛋黄酥」

烤制时间：20 分钟

看视频学烘焙

材料 Material

水皮：

清水------100 毫升

低筋面粉---250 克

猪油---------- 40 克

糖粉---------- 75 克

油皮：

低筋面粉---200 克

猪油---------- 80 克

馅：

莲蓉---------200 克

切好的咸蛋- 45 克

外皮装饰：

蛋黄液-------- 少许

芝麻----------- 少许

工具 Tool

刮板，刷子，擀面杖，保鲜膜，烤箱，玻璃碗

做法 Make

1. 水皮部分的制作：将250克低筋面粉倒入碗中，加入糖粉，注入适量清水，慢慢和匀。

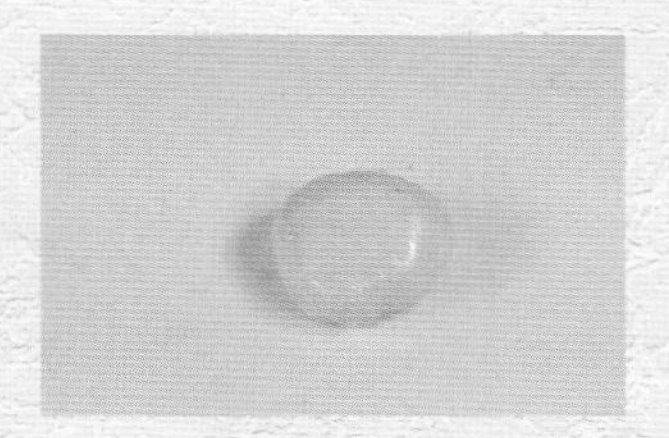

2. 放入40克猪油，搅拌至面团纯滑，再包上一层保鲜膜，静置约30分钟，即成水皮面团。

3. 油皮部分的制作：取一个碗，倒入200克低筋面粉，加入80克猪油。

4. 匀速搅拌至猪油熔化、面团纯滑，再用保鲜膜包好，静置约30分钟，即成油皮面团。

5. 剩余部分的制作：水皮面团擀薄，油皮面团擀成水皮的二分之一大小，放在擀薄的水皮面团上。

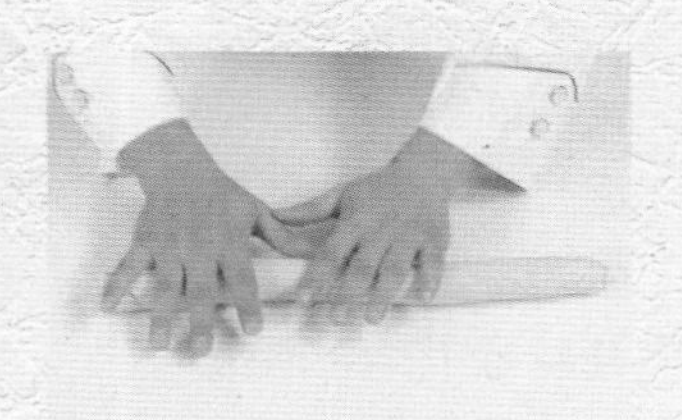

6. 包好、对折，擀至材料完全融合，将面皮卷圆筒状。切成小剂子，压平，制成圆饼坯。

7. 取莲蓉，揉搓成圆形，再压平，放入切好的咸蛋，包好，搓圆，制成内馅。

8. 内馅放入圆饼坯中，包好、搓圆，刷上蛋黄液，撒上芝麻，即成生坯。

9. 将生坯放入烤箱，上火190℃、下火200℃，烤20分钟即成。

「蔓越莓司康」

烤制时间：21 分钟

看视频学烘焙

材料 Material

黄油---------- 55 克
细砂糖------- 50 克
高筋面粉---250 克
泡打粉------- 17 克
牛奶------125 毫升
蔓越莓干----- 适量
低筋面粉---- 50 克
蛋黄------------1 个

工具 Tool

刮板，保鲜膜，刷子，擀面杖，烤箱，冰箱，模具

做法 Make

1. 将高筋面粉、低筋面粉、泡打粉和匀，倒在案台上开窝；倒入细砂糖和牛奶，放入黄油。

2. 慢慢地搅拌一会儿，至材料完全融合在一起，再揉成面团；把面团铺开，放入蔓越莓干，揉搓一会儿。

3. 覆上保鲜膜，包好，擀成约 1 厘米厚的面皮，放入冰箱冷藏半个小时。

4. 取出冷藏好的面皮，撕去保鲜膜，用模具按压，制成数个蔓越莓司康生坯。

5. 生坯放在烤盘中，摆放整齐，刷上一层蛋黄液；烤箱预热，放入烤盘。

6. 关好烤箱门，以上、下火均为 180°C的温度烤至食材熟透。取出烤盘，摆盘即成。

「草莓蛋挞」

烤制时间：10 ～ 15 分钟

看视频学烘焙

材料 Material

糖粉---------- 75 克
低筋面粉---225 克
黄奶油------150 克
白砂糖------100 克
鸡蛋------------5 个
凉开水---250 毫升
草莓----------- 少许

工具 Tool

搅拌器，筛网，烤箱，蛋挞模具，玻璃碗，电子秤

做法 Make

1. 取一大碗，放入黄奶油、糖粉、1 个鸡蛋、低筋面粉，拌匀并揉成面团。

2. 将面团搓成长条状，切成 30 克一个的小面团，搓圆，沾上低筋面粉，粘在蛋挞模具上，沿着边沿粘紧。

3. 将剩下的 4 个鸡蛋打入碗中，加入白砂糖，用搅拌器拌匀，加入凉开水，再拌匀。

4. 用筛网将蛋塔液过筛，使蛋挞液更细腻；将蛋挞液倒入模具中至八分满即可。

5. 将蛋挞模放入烤盘中，再入烤箱，上火 200 ℃，下火 220 ℃，烤 10 ～ 15 分钟至金黄色。

6. 拿出烤盘，取出蛋挞，摘去模具，摆入盘中，放上草莓装饰即可。

「乳酪蛋挞」

烤制时间： 10分钟

看视频学烘焙

材料 Material

挞皮：

低筋面粉---100克
黄油---------- 50克
乳酪---------- 35克
细砂糖------- 20克

挞馅：

牛奶------- 20毫升
鸡蛋------------2个
细砂糖------- 50克
水---------100毫升

工具 Tool

玻璃碗，搅拌器，面粉筛，蛋挞模具，烤箱

做法 Make

1. 将黄油、乳酪、细砂糖倒入玻璃碗中进行搅拌；接着加入低筋面粉，将其搅拌至黏稠。

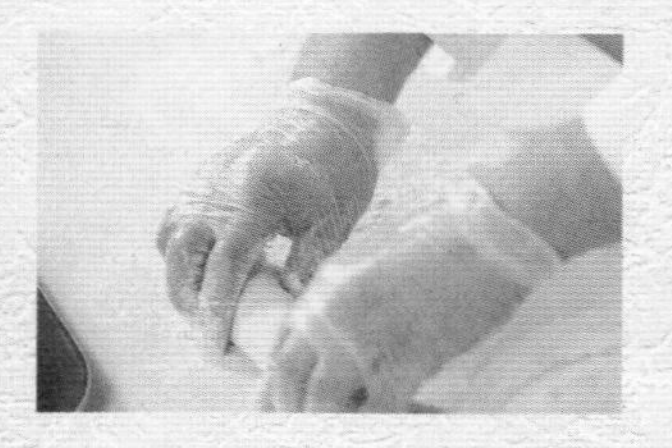

2. 将面团揉至长条形。

3. 把揉好的蛋挞皮放入蛋挞模具中捏至成形。

4. 把水、细砂糖倒入另一个玻璃碗中进行搅拌，使细砂糖能够充分溶化。

5. 倒入牛奶，用搅拌器搅拌均匀。

6. 另取一个玻璃碗，敲入鸡蛋，打散至糊状。

7. 把鸡蛋液倒入糖水中搅拌均匀后过筛，制成挞馅。

8. 将挞馅装入挞皮中，约九分满，放入预热好的烤箱中，上、下火190℃，烘烤约10分钟即可。

「意大利乳酪布丁」

冷藏时间：30 分钟

看视频学烘焙

材料 Material

细砂糖------- 55 克
牛奶------250 毫升
吉利丁片------3 片
淡奶油---250 毫升
朗姆酒------5 毫升
纯净水-------- 适量

工具 Tool

搅拌器，奶锅，
模具杯，冰箱，
玻璃碗

做法 Make

1. 吉利丁片放进装有纯净水的碗中浸泡。
2. 把牛奶和细砂糖倒进奶锅中。
3. 开小火，拌匀至细砂糖溶化。
4. 加入已经泡好的吉利丁片，搅拌至熔化。
5. 再倒入淡奶油和朗姆酒。
6. 搅拌至溶化后关火。
7. 备好模具杯，倒入搅拌好的材料。
8. 待凉后放进冰箱冷藏半个小时，取出即可。

「巧克力果冻」

冷藏时间：30 分钟

看视频学烘焙

材料 Material

纯净水---250 毫升
可可粉------- 10 克
细砂糖------- 50 克
果冻粉------- 10 克

工具 Tool

锅，勺子，模具，冰箱

做法 Make

1. 锅置于灶上，倒入纯净水，大火烧开。
2. 加入可可粉，转小火煮至溶化。
3. 倒入备好的细砂糖和果冻粉。
4. 用勺子持续搅拌片刻，使其均匀。
5. 关火，将煮好的食材倒入模具中，至八分满。
6. 放凉后放入冰箱冷藏 30 分钟，使其凝固。
7. 从冰箱取出果冻即可食用。

「清甜双果派」

烤制时间：20分钟

看视频学烘焙

材料 Material

派皮：

低筋面粉---135克
黄油---------- 10克
鸡蛋---------- 15克
泡打粉---------2克
糖粉---------- 80克

派馅：

苹果------------1个
梨---------------1个
柠檬汁------5毫升
细砂糖------- 60克
盐---------------2克
肉桂粉---------4克
黄油---------- 10克

工具 Tool

刮板，玻璃碗，烤箱，擀面杖，刀，模具

做法 Make

1. 将软化的黄油、糖粉倒入碗中拌匀，加入鸡蛋搅拌，加入泡打粉和低筋面粉拌匀，制成挞皮。

2. 用擀面杖把挞皮擀好后放入模具底部，使挞皮与其紧贴。

3. 把剩下的挞皮擀成长条形，裹住模具内边缘，用刮板在做好的派皮底部打孔排气。

4. 派皮放入烤盘中，并放进预热好的烤箱中，上、下火 190℃，烘烤约 15 分钟，至表皮微微发黄。

5. 把梨和苹果削皮、去核，用刀切成丁状待用。

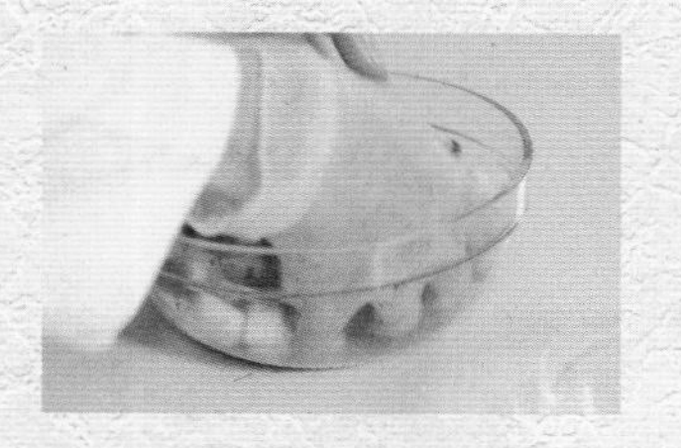

6. 把肉桂粉、盐、细砂糖、柠檬汁和熔化好的黄油倒入碗中，再加入水果丁搅拌均匀，制成派馅。

7. 将派馅装入烤好的派皮中，放入烤箱继续烘烤 5 分钟。

8. 取出烤好的派，装盘即可。

看视频学烘焙

「樱桃布丁」

烤制时间：20 分钟

材料 Material

牛奶------500 毫升
全蛋------------ 3 个
蛋黄---------- 30 克
细砂糖------240 克
纯净水---- 40 毫升
热水------- 10 毫升
樱桃----------- 适量

工具 Tool

搅拌器，量杯，筛网，碗，奶锅，小刀，模具，烤箱，冰箱

做法 Make

1. 把洗净的樱桃用小刀切成小丁状，装入碗中，待用。
2. 将奶锅至于火上，倒入牛奶，再加入 40 克细砂糖拌匀。
3. 开小火，搅拌均匀至细砂糖溶化，关火待用。
4. 加入全蛋和蛋黄，将蛋液打散搅匀。
5. 用筛网将蛋液过滤一次，再将其倒入量杯中。
6. 用筛网将蛋液再过滤一次，倒入切好的樱桃制成布丁液，待用。
7. 将剩余的细砂糖全部倒入奶锅中，加入纯净水，开小火煮至溶化，加入 10 毫升热水，制成糖水，待用。
8. 在模具中倒入少量糖水，再倒入布丁液，至七分满即可。
9. 把樱桃布丁放入烤盘中，在烤盘中加入少量水。
10. 打开烤箱门，将烤盘放入已经预热好的烤箱中。
11. 关上烤箱门，以上火 160℃、下火 160℃的温度烤 20 分钟至熟。取出烤好的布丁，冷藏半个小时后将其倒扣在盘中即成。

「核桃派」

烤制时间：30 分钟

看视频学烘焙

材料 Material

派皮：
黄油---------100 克
面粉---------170 克
水---------- 90 毫升

派馅：
白砂糖------- 50 克
黄油---------- 37 克
蜂蜜---------- 25 克
麦芽糖------- 62 克
核桃仁------250 克
提子---------100 克

工具 Tool

烤箱，擀面杖，玻璃碗，刮板，派模，搅拌器，勺子，钢碗

做法 Make

1. 派皮制作：把黄油倒入玻璃碗中，搅散后分多次加入水进行搅拌。

2. 加入面粉搅拌均匀，即成派皮生坯。

3. 把派皮压入派模中，用刮板刮去剩余的派皮，再用擀面杖将其擀成条状，绕派模内壁一圈。

4. 将派模放入烤盘中，并将烤盘放入预热好的烤箱中烘烤 15~18 分钟左右，取出。

5. 派馅制作：把蜂蜜、麦芽糖、黄油、白砂糖倒入碗中加热，用搅拌器搅拌均匀。

6. 倒入核桃仁和提子，搅拌，做成派馅倒入玻璃碗中。

7. 用勺子把派馅放入烤好的派皮中，将派继续放入烤箱中，上火 180℃、下火160℃烤约15 分钟。

8. 取出烤好的派，装盘即可。

「香甜樱桃挞」

烤制时间：28 分钟

看视频学烘焙

材料 Material

挞皮：

低筋面粉---175 克

黄油---------100 克

水---------- 45 毫升

盐---------------2 克

挞馅：

淡奶油---125 毫升

牛奶------125 毫升

细砂糖------- 20 克

蛋黄---------100 克

朗姆酒------3 毫升

樱桃果肉---- 70 克

工具 Tool

玻璃碗，刮板，蛋挞模，烤箱，搅拌器

做法 Make

1. 烤箱通电进行预热，上火 200℃，下火 160℃。

2. 把黄油倒入玻璃碗中，分多次加入水并搅拌均匀，再加入盐、低筋面粉搅拌均匀，制成挞皮。

3. 将面团搓成长条形，用刮板切成小块后紧贴蛋挞模内壁进行装模，再摆放在烤盘中。

4. 将烤盘放进预热好的烤箱中以上火 200℃、下火 160℃烘烤约 8 分钟。

5. 将淡奶油和细砂糖倒入玻璃碗，用搅拌器充分拌匀，接着加入蛋黄搅拌，再倒入朗姆酒拌匀。

6. 把制作好的挞馅倒入烤好的挞皮中约九分满，然后放入预热好的烤箱中烘烤约 20 分钟。

7. 烤好后出炉，用樱桃果肉装饰已经烤好的挞即可。

「奶油芝士球」

烤制时间：25 分钟

看视频学烘焙

材料 Material

奶油芝士---360 克
糖粉---------- 90 克
黄油---------- 45 克
淡奶油---- 18 毫升
柠檬汁------1 毫升
蛋黄---------- 90 克

工具 Tool

长柄刮板，电动搅拌器，裱花袋，玻璃碗，烤箱，模具

做法 Make

1. 烤箱通电，以上火 180℃、下火 110℃进行预热。

2. 用长柄刮板把奶油芝士和黄油倒入玻璃碗中拌匀，加入糖粉，再用电动搅拌器搅拌。

3. 分多次加入蛋黄，每加一次搅拌均匀，接着加入淡奶油、柠檬汁继续搅拌均匀。

4. 将搅拌好的材料装入裱花袋，把面糊挤入模具中约九分满。

5. 把模具放入烤盘中，一起放进预热好的烤箱中，烤制 25 分钟左右。烤好后取出奶油芝士球，摆放在盘中即可。

「原味马卡龙」

烤制时间：8 分钟

看视频学烘焙

材料 Material

杏仁粉------- 60 克
糖粉---------125 克
蛋白---------- 50 克
淡奶油---- 30 毫升

工具 Tool

长柄刮板，玻璃碗，裱花袋，烤箱，烘焙纸，电动搅拌器

做法 Make

1. 将杏仁粉和105克糖粉倒入玻璃碗中混合，用搅拌器打成细腻的粉末。

2. 倒入20克蛋白，用长柄刮板反复搅拌，使得杏仁糖粉和蛋白完全混合，细腻且没有颗粒。

3. 另置一玻璃碗，倒入30克蛋白和20克糖粉，用电动搅拌器打发至可以拉出直立的尖角。

4. 将打好的蛋白加入到杏仁糊中搅拌均匀，使其变得浓稠，每一次翻拌都要迅速地从下往上翻拌。

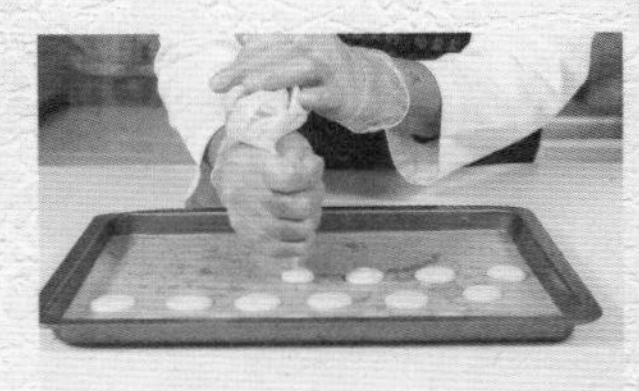

5. 将面糊装入裱花袋，挤到铺有烘焙纸的烤盘上，慢慢摊开。

6. 将烤盘放入预热好的烤箱中，上火180°C，下火160°C，烘烤约8分钟。

7. 将烤好的面饼放到一边待其冷却，并将淡奶油打发。

8. 把打发好的淡奶油放入裱花袋中，然后将其挤在两片面饼中间，将面饼捏起来即可。

「千丝水果派」

烤制时间： 40 分钟

看视频学烘焙

材料 Material

派底:
面粉---------340 克
黄油---------200 克
水---------- 90 毫升
派心:
鸡蛋---------- 75 克
细砂糖------100 克
低筋面粉---200 克
肉桂粉---------1 克
胡萝卜丝---- 80 克
菠萝干------- 70 克
核桃---------- 60 克
黄油---------- 50 克
装饰:
新鲜水果----- 适量

工具 Tool

玻璃碗，擀面杖，刮板，长柄刮板，派模，刀，烤箱

做法 Make

1. 把黄油、水、面粉倒入玻璃碗中，边倒边搅拌均匀。
2. 将派底原料拌匀后放在案台上，用擀面杖擀成面饼，放在派模底上用刮板刮去剩余部分，然后进行整形。
3. 将剩余的面团擀成条状，然后绕派模内部一圈，并将派模放进烤箱，上火 180℃，下火 160℃，烘烤约 15 分钟。
4. 把黄油、细砂糖、鸡蛋倒入玻璃碗中拌匀，再倒入低筋面粉、胡萝卜丝、肉桂粉、菠萝干、核桃，搅拌均匀。
5. 派底烤好后取出，用长柄刮板将派心放进烤好的派底中。
6. 用刀整平表面后将烤盘放进烤箱，温度不变，烘烤约 25 分钟。
7. 取出烤好的派，冷却后用新鲜水果装饰即可。

「苹果派」

烤制时间：25 分钟

看视频学烘焙

材料 Material

派皮：

细砂糖---------5 克

低筋面粉---200 克

牛奶------- 60 毫升

黄奶油------100 克

杏仁奶油馅：

黄奶油------- 50 克

细砂糖------- 50 克

杏仁粉------- 50 克

鸡蛋------------1 个

苹果------------1 个

蜂蜜----------- 适量

工具 Tool

刮板，搅拌器，长柄刮板，派皮模具，刷子，玻璃碗，擀面杖

做法 Make

1. 将低筋面粉、细砂糖、牛奶、黄奶油混合揉搓成面团。

2. 把面团擀成约 0.3 厘米厚的面皮；取派皮模具，放上面皮，沿着模具边缘贴紧，切去多余的面皮，再压紧。

3. 将细砂糖、鸡蛋倒入碗中，快速拌匀；加入杏仁粉、黄奶油，搅拌至糊状，制成杏仁奶油馅。

4. 将洗净的苹果切块，去核，再切成薄片，放入淡盐水中，浸泡 5 分钟。

5. 将杏仁奶油馅倒入模具内，将苹果片摆放在派陷上，再倒入适量杏仁奶油馅，放入烤盘中。

6. 再放入烤箱，上火 180 ℃、下火 180℃，烤 30 分钟。将苹果派脱模后装入盘中，刷上蜂蜜即可。

「绿茶酥」

烤制时间： 20 分钟

看视频学烘焙

材料 Material

水油皮：

高筋面粉---- 75 克

低筋面粉---- 75 克

细砂糖------- 35 克

黄油---------- 40 克

水---------- 60 毫升

油酥：

低筋面粉---- 50 克

黄油---------- 45 克

绿茶粉---------3 克

馅料：

红豆---------200 克

工具 Tool

刀，玻璃碗，电子秤，擀面杖，烤箱，烘焙纸

做法 Make

1. 水油皮制作：碗中依次放入低筋面粉、高筋面粉、水、细砂糖、黄油搅拌均匀，制成光滑面团。

2. 油酥制作：把 50 克低筋面粉、45 克黄油和绿茶粉混合揉成油酥面团。

3. 把水油皮面团分割成小份，用电子秤称取 25 克的小面团；油酥面团也依此分割。

4. 用手掌把水油皮面团压扁，放上油酥面团，用水油皮把油酥包起来。

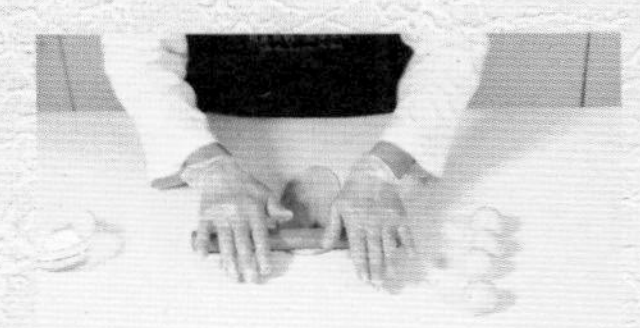

5. 包好的面团收口朝下，在案板上撒一层薄面粉防粘，用擀面杖擀成比较薄的面片。

6. 用刀对半割开，把擀好的长方形面片朝一端卷起来。

7. 把面团切面朝上，再次擀开成圆形的薄片，包上红豆，收口。

8. 把生坯放在垫有烘焙纸的烤盘里，放进预热好的烤箱，上火 180℃，下火 160℃，烘烤 20 分钟左右即可。

Part 6

5 步速成的预拌粉烘焙

预拌粉，不是单一的面粉，更不是简单的原料，而是按精准配方，将烘焙所需的原辅料，经多道工艺加工而成的复配半成品。它外貌普通，看上去也很简单，也似乎和一般的面粉没多大区别，但是它却能为你省去许多繁复的步骤，也让你更能轻松上手做烘焙，快来一起试试吧！

「抹茶曲奇」

烤制时间： 25 分钟

看视频学烘焙

材料 Material

原味曲奇预拌粉 350 克
黄油---------140 克
鸡蛋------------1 个
抹茶粉---------6 克

工具 Tool

玻璃碗，裱花袋，裱花嘴，长柄刮板，烤箱，油纸

做法 Make

1. 将原味曲奇预拌粉、软化的黄油、打好的鸡蛋依次加入碗中。
2. 将它们一起用手搓揉，搅拌均匀后，倒入抹茶粉，再次将它们充分混合均匀。
3. 将揉好的面糊用长柄刮板放入装有裱花嘴的裱花袋内，在铺有油纸的烤盘中，挤成表面纹路清晰的抹茶曲奇生坯。
4. 将烤盘放入预热好的烤箱，上、下火 160℃，烤约 25 分钟。
5. 取出烤好的曲奇即可。

「咖啡曲奇」

烤制时间：25 分钟

看视频学烘焙

材料 Material

原味曲奇预拌粉175 克
冲泡好的咖啡- 15 毫升
黄油---------120 克
鸡蛋------------1 个

工具 Tool

玻璃碗，裱花袋，裱花嘴，长柄刮板，烤箱

做法 Make

1. 玻璃碗中加入原味曲奇预拌粉、黄油、鸡蛋以及冲泡好的咖啡。

2. 用手搅拌均匀，做成面糊。

3. 把面糊用长柄刮板装入装有裱花嘴的裱花袋内，并将其均匀地挤在烤盘上。

4. 将烤盘放入预热好的烤箱中，上、下火 160℃，烤约 25 分钟。

5. 取出烤好的曲奇即可。

「香葱曲奇」

烤制时间：25 分钟

看视频学烘焙

材料 Material

多功能饼干预拌粉-250 克
白砂糖------110 克
鸡蛋------------1 个
调和油---- 20 毫升
葱花蓉------- 30 克
食盐--------- 4.5 克
黄油---------120 克

工具 Tool

电子秤，裱花袋，裱花嘴，玻璃碗，长柄刮板，烤箱

做法 Make

1. 玻璃碗中倒入多功能饼干预拌粉。

2. 取电子秤称取盐将备好的葱花蓉腌渍。

3. 在预拌粉中打入鸡蛋，加入调和油和剩下的食盐，再加入白砂糖和黄油，搅拌均匀后，再倒入之前腌渍的葱花蓉，搅拌均匀，做成面糊。

4. 用长柄刮板把面糊装入装有裱花嘴的裱花袋中，并均匀地挤在烤盘上，并将烤盘放入预热好的烤箱，上、下火160℃，烤约 25 分钟。

5. 取出烤好的曲奇即可。

「蔓越莓曲奇」

烤制时间：25 分钟

看视频学烘焙

材料 Material

原味曲奇预拌粉 350 克
黄油---------120 克
鸡蛋------------1 个
蔓越莓干---100 克

工具 Tool

玻璃碗，烤箱，刀，油纸，冰箱

做法 Make

1. 将预拌粉、软化的黄油、打好的鸡蛋依次加入碗中。
2. 将它们一起用手搓揉，搅拌均匀后，倒入蔓越莓干，将它们充分混合均匀。
3. 把面团放在油纸上，捏成长方体形，将四周整理光滑，用油纸裹好，放入冰箱冷冻 40 分钟。
4. 将冻好的面团取出，用刀切成厚度为 0.5 厘米的薄片，整齐地摆放在烤盘内。
5. 将烤盘放入预热好的烤箱中，上、下火 160℃，烤约 25 分钟，取出烤好的曲奇即可。

「双色曲奇」

烤制时间： 25 分钟

看视频学烘焙

材料 Material

原味曲奇预拌粉----175 克
巧克力曲奇预拌粉-175 克
黄油---------- 60 克
鸡蛋------------1 个
蛋清液-------- 适量

工具 Tool

玻璃碗，电动搅拌器，擀面杖，刷子，刀，烤箱，油纸，冰箱

做法 Make

1. 将原味曲奇预拌粉、巧克力曲奇预拌粉、鸡蛋分别打入3 个玻璃碗中，用电动搅拌器把鸡蛋打散。

2. 取一半蛋液倒入原味曲奇预拌粉中，再放入一半的黄油，揉成光滑的面团；再将另一半蛋液和黄油倒入巧克力曲奇预拌粉中，揉成光滑的面团。

3. 分别把面团放在油纸上，用擀面杖擀成面饼，并且整理成有规则的形状；在巧克力曲奇预拌粉面饼上用刷子刷上一层蛋清液，将 2 张面饼平行叠放在一起，修整边缘卷起来，放入冰箱冷冻 40 分钟。

4. 取出冷冻好的面饼，用刀切成厚度为 0.5 厘米的薄片，均匀地摆放在铺有油纸的烤盘里。

5. 将烤盘放入预热好的烤箱中，上下火 160℃，烘烤大约25 分钟，取出烤好的曲奇即可。

「卡通饼干」

烤制时间：25 分钟

看视频学烘焙

材料 Material

原味曲奇预拌粉 350 克
黄油---------- 80 克
鸡蛋 1 个---100 克

工具 Tool

玻璃碗，擀面杖，卡通模具，烤箱，油纸

做法 Make

1. 将原味曲奇预拌粉、软化的黄油、打好的鸡蛋依次加入碗中。

2. 将它们一起用手搓揉，搅拌均匀。

3. 将面团放在油纸上，再将油纸对折，用擀面杖擀成厚度为 0.5 厘米左右的面饼

4. 用卡通模具压成形，将其整齐地摆放在铺有油纸的烤盘内。

5. 将烤盘放入预热好的烤箱中，以上、下火 160℃烘烤约 25 分钟，取出烤好的曲奇即可。

「趣多多」

烤制时间：25 分钟

看视频学烘焙

材料 Material

巧克力曲奇预拌粉-350 克
黄油---------120 克
鸡蛋------------1 个
巧克力豆---100 克

工具 Tool

烤箱，油纸，玻璃碗，搅拌器，电子秤

做法 Make

1. 将巧克力曲奇预拌粉、软化的黄油依次加入碗中，再倒入用搅拌器打好的鸡蛋，将它们一起用手揉搓，搅拌均匀。
2. 将面团用电子秤分成质量为 13 克左右的小面团，用手揉匀压扁，摆放在铺有油纸的烤盘上。
3. 在每个面饼上均匀地摆放上巧克力豆。
4. 将烤盘放入预热好的烤箱，上、下火 160℃，烤制 25 分钟。
5. 取出烤好的曲奇装入盘中即可。

「猫爪饼干」

烤制时间： 25 分钟

看视频学烘焙

原味曲奇预拌粉----350 克
巧克力曲奇预拌粉-175 克
黄油----------60 克
鸡蛋------------1 个

工具 Tool

玻璃碗，搅拌器，圆形裱花嘴，擀面杖，烤箱，大圆形模具，小圆形模具，油纸

做法 Make

1. 空碗中倒入原味曲奇预拌粉，再将鸡蛋用搅拌器打散备用；取一半蛋液倒入原味曲奇预拌粉中，再放入一半的黄油，揉成光滑的面团。

2. 另取 1 个空碗倒入巧克力曲奇预拌粉，再倒入另一半蛋液和黄油，揉成光滑的面团；将两个面团分别放在油纸上，用擀面杖擀成面饼。

3. 将原味曲奇面饼用大的圆形模具按压出形状，摆放在烤盘上；将部分巧克力曲奇面饼用小一点的圆形模具按压出形状，放在刚刚摆放好的原味曲奇面饼上。

4. 再用圆形的裱花嘴在剩下的巧克力曲奇面饼上按压出形状，做成猫爪的脚趾样。

5. 将烤盘放入预热好的烤箱中，以上、下火 160℃烤制 25 分钟，取出烤好的饼干装入盘中即可。

「巧克力瑞士卷」

烤制时间： 30 分钟

看视频学烘焙

材料 Material

海绵蛋糕预拌粉----250 克
鸡蛋------------5 个
巧克力粉------8 克
淡奶油---100 毫升
植物油---- 60 毫升
白砂糖-------- 适量
热水----------- 适量
水---------120 毫升

工具 Tool

电动搅拌器，长柄刮板，不锈钢盆，玻璃碗，烤箱，抹刀，油纸，冰箱，擀面杖

做法 Make

1. 备好的空盆中依次倒入海绵蛋糕预拌粉、水、鸡蛋，用电动搅拌器搅拌均匀，然后打发。

2. 用适量的热水溶解巧克力粉，将其倒入打发好的面糊中，再倒入植物油，用长柄刮板搅拌均匀。

3. 将搅拌好的面糊倒入带有油纸的烤盘中，在桌面轻敲几下排出气泡，放入预热好的烤箱里，上、下火 160℃，烤制 30 分钟即可。

4. 在玻璃碗中倒入淡奶油，再加入白砂糖，用电动搅拌器打发。

5. 桌子上铺一层油纸，把烤好的巧克力蛋糕放在上面，涂一层打发好的奶油，卷起来，放冰箱冷藏 10 分钟，取出后用刀切成圆片即可。

「抹茶瑞士卷」

烤制时间： 30 分钟

看视频学烘焙

材料 Material

海绵蛋糕预拌粉----250 克
鸡蛋------------5 个
淡奶油---100 毫升
植物油---- 60 毫升
抹茶粉---------8 克
白砂糖-------- 适量
热水----------- 适量
水---------120 毫升

工具 Tool

电动搅拌器，不锈钢盆，长柄刮板，玻璃碗，擀面杖，烤箱，奶油抹刀，油纸，冰箱

做法 Make

1. 备好的空盆中倒入海绵蛋糕预拌粉、水、鸡蛋，用电动搅拌器搅拌均匀，然后打发。

2. 用适量的热水溶解抹茶粉，将其倒入打发好的面糊中，再倒入植物油，搅拌均匀。

3. 备好的烤盘中铺上油纸，用长柄刮板将面糊倒入烤盘中，在桌面轻敲几下，把气泡排出来。

4. 将烤盘放入预热好的烤箱中，烤制 30 分钟；在玻璃碗中倒入淡奶油，加入白砂糖（喜欢甜的可以多加），用电动搅拌器打发。

5. 桌子上铺一层油纸，把烤好的抹茶蛋糕放在上面，用奶油抹刀涂一层打发好的奶油，借助擀面杖卷起来整形，放入冰箱冷藏 10 分钟，取出后用刀切成圆片即可。

「蓝莓慕斯」

冷藏时间：120 分钟

看视频学烘焙

材料 Material

慕斯预拌粉 116 克
牛奶------210 毫升
淡奶油---333 毫升
蓝莓果酱---300 克
海绵蛋糕体---2 个
开心果-------- 适量
蕃茜叶-------- 适量

工具 Tool

冰箱，不锈钢盆，搅拌器，电动搅拌器，长柄刮板，圆盘，平底方盘，慕斯蛋糕模具，保鲜膜，剪刀，刀

做法 Make

1. 慕斯预拌粉剪开倒入圆盘；牛奶倒入盆中加热至翻滚，再加入预拌粉，用搅拌器搅匀，离火冷却至常温。

2. 将淡奶油用电动搅拌器充分打发，分 2 次倒入冷却好的面糊中，用长柄刮板搅匀后加入适量蓝莓果酱，再次搅均匀。

3. 取出保鲜膜，将保鲜膜包裹在模具的一面作为模具底面，并将模具放在平底方盘上。

4. 放入 1 个海绵蛋糕体，倒入面糊，盖住海绵蛋糕体，再放入 1 个海绵蛋糕体，倒入剩下的面糊，与模具边缘齐平。举起模具沿桌边轻敲两下，让面糊表面平整，随即用平底方盘托住慕斯模放入冰箱冷冻 2 小时。

5. 将冷冻好的慕斯从冰箱中取出后脱模，用刀切块并在表面抹上蓝莓果酱，用开心果和蕃茜叶进行装饰即可。

「巧克力慕斯」

冷藏时间：120 分钟

看视频学烘焙

材料 Material

慕斯预拌粉 116 克
牛奶------210 毫升
淡奶油---333 毫升
黑巧克力---300 克
海绵蛋糕体--- 2 个
黑巧克力碎-- 适量
草莓----------- 适量

工具 Tool

不锈钢盆，冰箱，搅拌器，电动搅拌器，长柄刮板，圆盘，平底方盘，慕斯蛋糕模具，保鲜膜，剪刀，刀

做法 Make

1. 将黑巧克力隔水加热；另置一个空盆，把牛奶倒入盆中，加热至翻滚。

2. 预拌粉剪开放置在圆盘上，再倒入牛奶盆中，用搅拌器搅拌均匀，将盆冷却至常温。

3. 将淡奶油用电动搅拌器充分打发，分 2 次倒入冷却好的面糊中，用长柄刮板拌匀，加入熔化好的黑巧克力，拌匀；取出保鲜膜，将保鲜膜包裹在模具的一面作为模具底面。

4. 放入 1 个海绵蛋糕体，倒入面糊，盖住海绵蛋糕，再放入 1 个海绵蛋糕体，倒入剩下的面糊，与模具边缘齐平。举起模具沿桌边轻敲两下，让面糊表面平整，随即用平底方盘托住慕斯模，放入冰箱冷冻 2 小时。

5. 将冷冻好的慕斯从冰箱中取出后脱模，用刀切块并在表面撒上黑巧克力碎，放上草莓进行装饰即可。

「培根汉堡包」

烤制时间：12 分钟

看视频学烘焙

材料 Material

多功能面包预拌粉 - 250 克
鸡蛋------------1 个
牛奶------100 毫升
黄油---------- 20 克
白砂糖------- 50 克
食盐--------- 2.5 克
酵母粉---------3 克
培根-------- 若干片
西红柿-------- 少许
白芝麻-------- 少许
生菜----------- 少许
沙拉酱-------- 少许

工具 Tool

刀，刮板，烤箱，面包机，砧板

做法 Make

1. 将面包预拌粉、鸡蛋、白砂糖、黄油、牛奶、食盐、酵母粉依次放入面包机中，将其充分搅拌成具有扩张性的面团后取出，揉好放在砧板上，用刮板把它们分成大约 60 克的小面团。

2. 将小面团逐一揉圆，将面团上沾满白芝麻后放在烤盘上，再放入烤箱中发酵 40 分钟至 2 小时。把发酵好的面团放入烤箱，以上火 170℃、下火 150℃烤制 10~12 分钟，烤完后取出烤盘。

3. 将培根放入烤箱，上火 170℃、下火 150℃，烤制 2 ～ 3 分钟。

4. 在烤好的面包一侧用刀切一个口，挤入沙拉酱。放入少许生菜、西红柿、培根，再挤上少许的沙拉酱即可。

「椰子餐包」

烤制时间： 12 分钟

看视频学烘焙

多功能面包预拌粉 - 250 克
鸡蛋------------ 2 个
牛奶------ 100 毫升
黄油---------- 20 克
白砂糖------- 50 克
食盐--------- 2.5 克
酵母粉--------- 3 克
椰丝---------- 50 克

工具 Tool

刮板，刷子，烤箱，面包机，砧板

做法 Make

1. 将预拌粉、鸡蛋、白砂糖、黄油、牛奶、食盐、酵母粉放入面包机中，按下启动键进行和面。

2. 将和好的面团放在砧板上，用刮板把它们分成若干个小面团，揉圆后放在烤盘上，再放入烤箱中发酵 40 分钟至 2 小时。

3. 在发酵好的面团上用刷子刷一层蛋液，把椰丝放在上面。

4. 把烤盘放入烤箱，上火 170℃、下火 150℃，烤制 12 分钟。

5. 将烤好的面包取出即可。

「豆沙包」

烤制时间： 12 分钟

看视频学烘焙

材料 Material

多功能面包预拌粉-250 克
鸡蛋------------2 个
牛奶------100 毫升
黄油---------- 20 克
白砂糖------- 50 克
酵母粉---------3 克
豆沙泥------- 80 克
食盐--------- 2.5 克

工具 Tool

刀，刷子，烤箱，面包机，砧板，刮板，擀面杖

做法 Make

1. 面包机中依次放入多功能面包预拌粉、1 个鸡蛋、白砂糖、黄油、牛奶、食盐、酵母粉，按下面包机启动开关，和成面团。
2. 把和好的面团放在砧板上，用刮板分成重约 60 克的小面团，用手揉圆，再取少许豆沙泥包裹在小面团内。
3. 用擀面杖将面团擀成长方形面饼，用刀在表面均匀划几道，再把面饼卷起，放入烤盘中。
4. 再放入烤箱中发酵 40 分钟至 2 小时。
5. 在发酵好的面团上面用刷子刷一层蛋液，再放入烤箱，上火 170℃、下火 150℃，烤制 12 分钟即可。

「肉松面包卷」

烤制时间：12 分钟

看视频学烘焙

材料 Material

多功能面包预拌粉-250 克
鸡蛋------------2 个
牛奶------100 毫升
黄油---------- 20 克
白砂糖------- 50 克
食盐--------- 2.5 克
酵母粉---------3 克
肉松---------- 80 克

工具 Tool

刷子，烤箱，面包机，刮板，砧板，擀面杖

做法 Make

1. 将预拌粉、1 个鸡蛋、白砂糖、黄油、牛奶、食盐、酵母粉，放入面包机中，按下启动键，进行和面。

2. 将和好的面团放在砧板上，用刮板分成若干个小面团，用手揉圆。

3. 将面团用擀面杖擀成面饼，铺上一层肉松，卷起来，放入烤盘中，再放入烤箱中发酵 40 分钟至 2 小时。

4. 取出发酵好的面团，在其表面用刷子刷上一层蛋液，放上少许肉松。

5. 将烤盘放入烤箱，以上火 170℃、下火 150℃烤制 12 分钟，取出烤好的肉松面包即可食用。

「抹茶布丁」

冷冻时间：15 分钟

看视频学烘焙

材料 Material

牛奶------300 毫升
水---------300 毫升
抹茶布丁预拌粉----100 克
桂花----------- 少许

工具 Tool

冰箱，油纸，不锈钢盆，搅拌器，量杯，布丁容器

做法 Make

1. 将水和牛奶倒入盆中，煮至沸腾，再倒入预拌粉，用搅拌器搅拌均匀。
2. 取出油纸，铺在布丁液上吸附泡沫。
3. 将布丁液倒入量杯中。
4. 将量杯中的液体装入布丁容器，放入冰箱冷冻 15 分钟。
5. 冷冻过后把布丁从冰箱取出，点缀少许桂花即可食用。

「芒果布丁」

冷冻时间： 15 分钟

看视频学烘焙

材料 Material

牛奶------300 毫升
水---------300 毫升
芒果布丁预拌粉 100 克
鲜芒果-------- 适量

工具 Tool

冰箱，油纸，不锈钢盆，搅拌器，量杯，布丁容器

做法 Make

1. 将水和牛奶倒入盆中，煮至沸腾，再倒入预拌粉，用搅拌器搅拌均匀。
2. 取出油纸，铺在布丁液上吸附泡沫。
3. 将布丁液倒入量杯中。
4. 将量杯中的液体装入布丁容器，放入冰箱冷冻 15 分钟。
5. 冷冻过后把布丁从冰箱取出，点缀上鲜芒果即可食用。

「冰皮月饼」

冷冻时间： 30 分钟

看视频学烘焙

材料 Material

冰皮月饼预拌粉300克
红豆沙泥------1 袋
植物油---- 40 毫升
白砂糖------- 80 克
水-------------- 适量

工具 Tool

冰箱，电子秤，玻璃碗，不锈钢盆，冰皮月饼模具，长柄刮板

做法 Make

1. 热盆注水，放入白砂糖边煮边用长柄刮板搅拌，煮沸后将糖水放凉至 40℃左右。

2. 取 1 个玻璃碗，倒入冰皮月饼预拌粉，再慢慢倒入冷却好的糖水，边加水边揉面，把面团揉至表面光滑，分 3 次加入植物油，并且揉到植物油全部被面团吸收。

3. 捏取面团，放在电子秤上称量，用手揉成球状，每个重约 40 克；将分好的面团放入冰箱中冰冻 30 分钟。

4. 捏取出红豆沙泥，放在电子秤上称量，用手揉成球状，每个重约 20 克。

5. 将红豆沙泥裹入冷冻好的面团中继续揉圆，然后放到模具里压出月饼形状即可。

「松饼」

烤制时间：5 分钟

看视频学烘焙

材料 Material

松饼预拌粉 250 克
鸡蛋------------ 1 个
植物油---- 70 毫升
白砂糖-------- 适量
水-------------- 适量

工具 Tool

松饼机，玻璃碗

做法 Make

1. 在备好的玻璃碗中依次倒入松饼预拌粉、水、鸡蛋、植物油，混合均匀。
2. 将揉好的面团平均分成 2 份，用手压成面饼状。
3. 面饼两面均沾上白砂糖。
4. 将松饼机预热 1 分钟左右。
5. 把面饼放入松饼机中，盖上盖子烤 5 分钟即可。

「糯米糍」

烤制时间： 无

看视频学烘焙

材料 Material

冰皮月饼预拌粉-----------------300 克
蔓越莓泥------1 袋
椰蓉----------- 适量
烤椰丝-------- 适量
白砂糖------- 80 克
植物油---- 40 毫升

工具 Tool

电子秤，长柄刮板，玻璃碗，不锈钢盆

做法 Make

1. 在备好的盆中倒入水、白砂糖边煮边搅拌，煮沸后将糖水放冰箱冷藏至 40℃左右。

2. 取一个玻璃碗，倒入冰皮月饼预拌粉，再慢慢倒入放凉的糖水，边加水边揉面，把面团揉至表面光滑，再分 3 次加入植物油，并且揉到植物油全部被面团吸收。

3. 捏取面团，放在电子秤上称量，用手揉成球状，每个重约 40 克；捏取蔓越莓泥，放在电子秤上称量，用手揉成球状，每个重约 10 克。

4. 将蔓越莓泥裹入面团继续揉圆。

5. 把揉好的面团放在椰蓉或烤椰丝中滚动至球身覆盖满材料即可食用。